21世纪建筑与室内设计前沿系列

华厅彩溢

当代餐饮建筑及室内设计

ARCHITECTURE AND INTERIOR DESIGN OF CONTEMPORARY RESTAURANT

丛书主编 朱淳　丛书执行主编 闻晓菁
王一先 编著

化学工业出版社
·北京·

内容提要

本书共分为 5 个章节，从“食”对人们的意义入手，由浅入深，对大量前沿的餐饮设计案例进行分类研究，逐步反映当代餐饮建筑及室内设计的规律特性和未来趋势。书中探讨了不同建筑类型中餐饮空间的区别，详细分析了餐饮空间的功能规划和设计元素等多个方面，全面阐述了这一领域在今天的设计面貌。

本书以简明扼要的文字，大量的图片和图解，从餐饮建筑及室内设计领域中最前沿的成果入手分析，归纳总结各种最新设计理念、思潮、流派、手法等，是一本面向业内设计师、高校师生及建筑、艺术爱好者的设计参考书。

图书在版编目（CIP）数据

华厅彩溢 ：当代餐饮建筑及室内设计 / 王一先编著 . -- 北京 ：化学工业出版社，2016.1

（21 世纪建筑与室内设计前沿系列 / 朱淳丛书主编）

ISBN 978-7-122-25794-9

Ⅰ . ①华… Ⅱ . ①王… Ⅲ . ①饮食业—服务建筑—室内装饰设计—研究 Ⅳ . ① TU247.3

中国版本图书馆 CIP 数据核字 (2015) 第 290572 号

责任编辑：徐　娟

装帧设计：冯　源

封面设计：张　毅

出版发行：化学工业出版社（北京市东城区青年湖南街 13 号 邮政编码 100011）

印　　装：北京瑞禾彩色印刷有限公司

710mm*1000mm　1/12　印张 12　字数 250 千字　2016 年 4 月 北京第 1 版第 1 次印刷

购书咨询：010-64518888（传真：010-64519686）　售后服务：010-64518899

网址：http://.cip.com.cn

凡购买本书，如有缺损质量问题，本社销售中心负责调换。

定价：58.00 元

学着像建筑大师那样思考……
——丛书序

全世界的思想意识都在微妙地转变，我们在最后面，像历来那样，建筑师正在向火车末尾的守车上爬去。

——美国建筑师菲利普·约翰逊 1978 年获 AIA 金奖演讲

菲利普·约翰逊如是说。

这位被称为美国建筑界 “教父”的建筑师，可算是现代建筑史上最会折腾的一位：本在哈佛学哲学和希腊文，却对建筑有了兴趣，33 岁的时候重回哈佛修学建筑；说他最会“折腾”，是因为他在 20 世纪建筑界的几个最重要的“主义”或“风格”上没有拉下一个：初学建筑时拜在密斯门下，鼓吹现代主义；却又嫌密斯过分强调技术，“根本未想到他是一个艺术家”；为了找到一点“信条”，就在简单实用的基础上有意地加上装饰，造就了一种被称为“形式主义”的风格（Formalism，又译作“典雅主义”）；时事多变，后来他又拥抱了“后现代主义”；上世纪 80 年代还在纽约大都会举行过“解构主义”的展览。他的建筑风格让人惊异，他的创作从来没有局限，有人说他是“国际主义”，有人说他是“后现代”，说到底，他只是一个建筑师，一切标签对他来说都是多余的，与众不同的大概是他总是与别人不一样的思考方式。他的一生都在求变，一生都在引领潮流，直到 2005 年，98 岁时骤然离世。否则谁知道这个新世纪里，他究竟会爬上哪列历史列车的守车？又要鼓噪出什么花样来了？

没有菲利普·约翰逊的新世纪依然没有平静。如果能够用“现代主义”与“后现代”来归纳 20 世纪建筑设计的主流的话，谁又说得清千禧年以来的这些日子里，究竟是谁在独领风骚？建筑师们又是如何思考的？

……

人头攒动的都市呈现了所有文明进程和历史痕迹。很少有例外能超越那些故事和历史进入一个这样的国度：那里机器的轰鸣与刺目的灯光淹没了人的声音，爱与邪恶不断上演着一场场的喜剧……。只有建筑师的幻想能够翱越整个人类。他是了不起的描述者；他知道人类欲望的所有含意；新世纪更是他驰骋的疆场；他的纵情从来没有得以如此赤裸地表述。他给我们展示的世界没有真相、没有常识、更没有怜悯，那里的人们都鲁莽、无助和荒谬。这一苦痛的证据之一就是各地不断矗立起来的各种“奇奇怪怪”的建筑。建筑师的笔下，设计象征着毫无节制的消费、铺张和无法描述的欲望。在这个没有规矩的年代里，只有他能够跨越禁忌界限，阐释无序世界，谁又说得清这些建筑师在思考些什么？

良心发现的建筑师终于意识到，空间与场所才是建筑命题的主旨，而并不在乎所谓的“主义”，更不是建筑师个人欲求的表露。一位被人形容为“恰好成为了建筑师的诗人”——意大利人阿尔多·罗西，在他获得普利兹克奖时就说到：“我不是沉迷于建筑，但是我一直试图以一种真实的方式来做建筑，就像其他那些真实表现他们专业的人一样，就像那些建造出教堂、工厂、桥梁以及这个时代伟大建筑的泥瓦匠或者工人一样。一直以来，我认为任何专业都是不可能与文化脱节的，正是因为这样，我才可能在年轻的时候得到了研究理论与建筑之间关系的机会，而且我非常高兴的在研究中找到了其重要性。”

“实际上建筑是由它的整个历史伴随形成的；建筑产生于它的自身合理性，只有通过这种生存过程，建筑才能与它周围的环境融为一体……”。

罗西认真地思考了建筑，他对当代建筑最大的贡献莫过于将类型学引入了建筑，认为古往今来建筑中也划分为种种具有典型性质的类型，它们都有自己各自的特征。以类型学为核心的新理性主义美学认为：设计来源于原型，但必须超出原型，只有这样，历史与现实、个人与社会、特殊性与普遍性才可以通过设计的过程实现完美结合。而著名建筑师西扎也曾经说过，“建筑的一切美感都来自于历史”，这更加肯定了当代建筑在城市环境中的重要性，甚至表达出了一种当代建筑永远无法超越历史的担忧。而对于历史文化内涵在建筑上传承的缺失，更使得人们对自己居住的城市的认同感逐渐消退，城市空间的人情味尽失。这就迫切需要当代建筑师具备冲破传统的思维，用当代的语言去表达传统建筑中历史、文化深刻内涵的勇气。

这种说法独到地表达了我们现在所应该做的，就是利用一种新的建筑观念来应对这个不断发展的现代城市，如何既体现出城市与建筑的当代性又表现出建筑的历史延续性，这才是我们当下值得研究和付出的。以此来寻找我们失忆已久的城市与建筑，并不是那种形式上的简单提取，而是一种空间，一种思想，更或是对我们一种生活方式的思考。

目前21世纪的建筑还不足以构成新的建筑史，但是我们不得不说它们比已经成为经典的现代主义走得更远了，对于林林总总的新建筑，与其说向大师学习设计，还不如说学着像建筑大师那样思考……

《21世纪建筑与室内设计前沿系列》借助于类型学的研究方法，系统地梳理了当代不同建筑的功能类型，同时也尽力剖析建筑师与室内设计师所思所想。本系列书不仅仅展现的是各类型建筑与室内设计最新的面目，更试图呈现出各位设计者思考的轨迹。

朱淳
2015年8月于上海

前言

餐饮空间涉及范围甚广，若直白地理解，餐饮空间即是人们完成饮食活动的地方，可包括家中餐厅、餐馆、食堂、酒吧等众多类型。本书中主要关注的餐饮空间属于公共服务区，它是食品生产经营行业通过即时加工制作、展示销售等手段，向广大消费者或一些特殊人群提供食品和服务的消费场所。

今天，我们的社会物质文化水平已提升到了一个新的高度，在“民以食为天”的传统内涵理解上，也逐渐从对食的物质需求转向了食之外的精神需求。在日常生活中，餐饮空间的作用显得越发举足轻重，角色也越发多样。例如，在这里，人们可以享受美食在味蕾中绽放；在这里，可能邂逅爱情，感受甜言蜜语的浪漫；在这里，可以约上三五好友，或谈天说地、或怀念少时趣事、或憧憬未来；在这里，可以见证亲朋好友步入婚姻殿堂，开启生活新篇章；在这里，可以点燃蜡烛，共唱一首生日歌，为寿星送上满满祝福；在这里，亲朋好友可以聚在一起，享受温暖的亲情与那短暂的惬意。在这里，人们不仅需要美味佳肴，也渴望有一个舒适的环境和贴心的服务，在享受美馔的同时，能获得情感上的交流、体验生活、感悟人生。

对当代人而言，餐饮空间更重要的是通过食物、服务、环境等角度的设计，来满足消费者的饮食、社交及心理等多方面需求。一个空间设计的良优将直接影响消费者的就餐感受，并与餐厅的经营命运息息相关。

在这个人们对饮食有着强烈精神需求的时代背景下，如何打造一个环境宜人、内涵丰富、富有创意、主题鲜明、能符合消费者需求的餐饮空间，不仅是本书研究的核心问题，也值得更多人不断钻研和深入研究。

值此付梓之日，我要特别感谢朱淳教授的指导，感谢徐康乐大师的帮助，感谢王伟家和胡爱萍的支持，感谢闻晓菁、冯源、张毅、王纯等人的辛勤付出。

王一先

2015 年 9 月

目录

contents

第一章
数典“望”祖说历史

一代过去，一代又来，地却永远长存。

——圣经

今天，“餐饮空间”的概念中包含了众多空间类型，有以供“餐”为主的空间，如餐厅、餐馆、饭馆、饭店等；有以供“饮”为主的空间，如酒吧、茶楼、咖啡馆等；还有以提供小吃、甜点为主的甜品冷饮店等，它们共同为当代消费者不断细分的饮食需求服务着。当然，这些琳琅满目的餐饮空间并非一朝一夕得来，而是在经历了漫长的岁月后，逐渐蜕变、发展而来。

作为与人类日常生活最密切相关的公共服务场所，餐饮空间的发展始终受到两股力量的影响，一方面它与整个时代背景、各地域经济、生活习俗、文化宗教等社会发展综合因素有关；另一方面它与相关菜品和饮品的发现，及其菜系文化或饮品饮用方式等方面的突破与成熟有关。因此，本章将按照历史发展的时间顺序，以人类饮食和餐饮文化的发展情况为主线，一探餐饮空间的发展历程。

图 1-1、图 1-2　沐浴在阳光下的梯田大地及夕阳下的农田美景

一、追根溯源

最初盘古开天辟地之时，人们通过采集、狩猎、捕捞等方式来获取食物，以维持生命。当时的人们食物有限，既无烹饪方法，又需要不断与自然界做抗争，基本是在野外进食，以解决温饱问题为核心。后来随着器具设施的改进，捕猎与农耕技能的提升和生火技术的掌握，让人们得以在果腹之余，有可能去关注一些精神上的需求或心灵上的慰藉，例如相继出现的祭祀、宴会、聚餐等多种形式便是人们探索和重新定义出的新进食方式和就餐意义。“吃什么”、“怎么吃”、“用什么吃”、“在哪里吃”、“为了什么而吃”等问题逐渐成为人们思考的重点，饮食需求的大大提升犹如春雨，滋润着餐饮空间的发芽和成长。

在西方国家，餐厅的起源最早可追溯至古罗马帝国时期的路边驿站。这时的餐饮空间作为驿站中的一部分，为异地人士提供基本的膳食服务，而非本地人，主要是帮助罗马士兵穿越整个罗马帝国，或为途经的旅行商人等提供膳食等基本服务。例如早期的法国旅馆多由德国人经营，他们主要服务于来往法国的商人和旅客，这些旅馆不仅提供人们与德国相一致的住宿环境，还包括德国菜肴，让消费者们可以如在自己家乡吃住一样的自在。在就餐方式上，除了有宫廷宴会式、便餐式等常见的用餐形式外，到8~11世纪时，在北欧斯堪的纳维亚半岛上，一群海盗们又发明了自助式的进餐方式。每当海盗得到收获的时候，便会设大型宴会庆祝，但由于他们不习惯传统的西餐礼仪，于是便发明了一种可自选食物的用餐方式。而这些都为之后的餐饮空间发展打下了良好的根基。

在中国，餐厅最早的雏形出现在春秋战国时期。那时我国农业、畜牧业进一步发展，调料已应用于烹饪。该时期诸国政治、商业活动交往频繁，人们奔走于各国之间，出现了很多客栈，以满足流动人员住宿和吃饭的需要。此时相互往来的人们又促进了各地饮食文化的相互交融。到秦汉时期，商业贸易更加活跃，人

图1-3 《韩熙夜宴图》
图中描绘韩熙载与宾客们一起在宴会中全神贯注地听歌女弹琵琶的情境

们的生活稳定，尤其是西域商贸的开通，促进了中西文化的交流，食材、香料、佐料等品种大大增加。之后在历经了动荡不安的魏晋南北朝和盛强的隋唐时期，生产力快速发展，饮食文化和烹饪技艺全面开花。这个时期出现了烧尾宴等各具特色的筵席形式，其场面气派、豪华，时有乐师伴奏、歌舞相伴，文化、艺术的交融赋予餐饮文化更多内容。同时烹调炊具和就餐器物也得以发展，各式各样的瓷器出现了，另外还出现了高足的桌、椅、几、凳等就餐家具，告别了席地而坐的就餐方式，分餐式变为会餐式，一种延续至今的新的饮食传统逐渐形成。

在餐饮文化发展的同时，一些现在常见的饮品如酒、咖啡、茶也逐渐被发现、制造和普及。

酒是人类饮用历史最长的一种植物发酵酒精饮料。有历史记载，人类使用谷物制造酒类饮料已有 8000 多年的历史，已知最古老的酒类文献是公元前 6000 年左右巴比伦人用黏土板雕刻的献祭用啤酒制作法。到公元前 4000 年，美索不达米亚地区人民已能用大麦、小麦、蜂蜜等材料酿制出 16 种不同口味的啤酒。早在公元前 6000~3000 年左右，葡萄酒的故乡保加利亚那里，人类就已掌握了如何用葡萄汁液进行酿酒。我国也是最早拥有酿制技术的国家之一。我国考古工作者在殷墟中发现的酿酒作坊遗址，证明在 3000 多年前的殷商时代，我国已有很发达的酿酒业。随着酿酒业的发展，人们对酒的好处和坏处都有了很深的认识，多样化的酒类品种及逐渐成熟的饮酒文化，都促使了以供人们酒水为主的餐饮空间的应运而生，在西方此类空间多称为酒吧，在我国多称为酒馆，这里常是水手、牛仔、商人、游子、文人消磨时光或宣泄情感的地方。

咖啡（Coffee）一词源自埃塞俄比亚埃塞俄比的一个名叫卡法（kaffa）的小镇，在希腊语中“Kaweh”的意思是“力量与热情”。目前普遍认为人类首次在非洲发现了咖啡。当地土著部落经常把咖啡的果实磨碎，再把它与动物脂肪掺在一起揉捏，做成许多球状的丸子。这些土著部落的人将这些咖啡丸子当成珍贵的食物，专供那些即将出征的战士享用。虽说早在一些古阿拉伯传奇里曾记述过一种与咖啡相似的神奇饮料，它色黑、味苦、且具有强烈的刺激力量，但咖啡出现的最确切和最早时间应该在公元前 8 世纪左右。到公元 10 世纪前后，阿维森纳[1]（Avicenna，980~1037 年）已经开始用咖啡当作药物治疗疾病。关于咖啡豆的神奇功效是怎么被发现的有多个小故事，其中最普遍且为大众所乐道的是“牧羊人的故事”。话说，一天一个名叫埃塞俄比亚的牧羊少年在伊索比亚草原放牧时，发现自己的羊群吃了灌木上的红色果实之后兴奋不已不肯回家。他以为羊群中毒了，但几个小时之后，羊群又恢复了正常。出于好奇，少年自己也尝了一颗果实，顿时倦意全消，神清气爽。于是他把这个发现告诉给了基督教修道士们，有位修道士将这些浆果煮熟后提炼出一种苦涩的、劲足的、能驱赶困倦提神和睡意的饮料，并把它当成修道士们日常食用物之一，其神奇效力也就因此流传开来。而饮用咖啡的习惯也在宗教的传播下被越来越多的人所接受和喜爱，咖啡馆得以形成。

茶的故乡是中国，有文字记载，我们的祖先在 3000 多年前已经开始栽培和利用茶叶树，后来人们不断开发茶的品种、炒制方式、品味方式、挖掘茶的文化内涵。关于中国人究竟是何时开始饮茶的问题也一直为人所争论，其实早在汉代就有人用茶了，只是在唐代期间，茶的种类名称繁多，直到中唐时，茶字的音、形、义才趋于基本统一。在唐《茶经》一文中，作者陆羽将“荼”字减一画而写成“茶”，而在唐代以前“茶”字的正体字为“荼”，让不少人认为中国是在唐代以后才有饮茶活动的，其实不然。茶馆最初是以茶摊的形象出现，最早的茶摊可考证自晋代，此时的茶摊所起到的作用只是为人解渴而已。

总之，这段时期的餐饮空间仅作为一种附带功能，还没有被清晰地独立开来，主要是发展餐饮文化、餐饮需求的基础期。

图 1-4　牧羊人的故事

图中描绘着牧羊人和羊群吃了咖啡豆后手舞足蹈的搞怪模样

解析——“厅”、“馆”、“楼”、“吧”、“店”

“厅”：强调空间的公共性，给人的感觉也比较官方和正式。如餐厅、客厅、厅堂、办公厅等。

“馆”：是房舍的一类，泛指房屋，旧指招待并可供应食宿的房舍。如茶馆、饭馆、酒馆、咖啡馆等。

“楼”：指两层和两层以上的房屋，例如茶楼、酒楼、青楼等。相比“馆”字，它更强调建筑物的高度感。

“吧”：泛指某些具有特定功能或设施的休闲场所，如酒吧、迪吧、琴吧、书吧、陶吧等。

“店”：为售卖货物的铺子，是比较通俗的用法，上述几个都可包含在“店”的概念中。

[1] 阿维森纳：阿拉伯全名为 Abu-Ali Al-Husain Ibn Abdullah Ibn Sina，是中世纪阿拉伯哲学家、自然科学家、医学家、文学家。

二、变革分离

有了基础期的积淀，餐饮空间逐渐从嘈杂烦扰的小旅馆和酒馆里分离出来，从日常生活中衍生开来，拓展到商业空间、公共服务空间中，并被冠以一种统一的形式，专门为食客们提供饮食服务，其服务对象既有商旅客，也包括本地食客们。此时的餐饮空间开始拥有属于自己的独立功能需求、消费群体、服务方式等，确立了未来餐饮空间的雏形，是餐饮空间发展中的过渡期。

在我国宋朝时期（大约是 13 世纪），当时的杭州是我国的文化经济中心，人口逾 100 万，城里城外处处饮食店铺林立，街头巷尾酒楼、茶肆、小吃摊比比皆是，人们随时都能买到自己所需要的食物、饮品。此时不仅有为旅客设置的酒馆和茶馆，还有为旅客及本地人服务的独立餐馆。据记载，当时餐馆已形成了以地方风味菜为基础的北食店、南食店、川饭店等，为消费者提供着不同菜系的佳肴。在餐馆建筑形式上，多取园林式建筑，建于湖光山色之中，坐落于水榭花坛之畔，有长长的竹径和回廊供顾客游走和观赏。在建筑门面上，多喜结彩棚、绘彩画、挂帘幕、挂灯笼，室内多挂字画、设盆景，环境清幽、饮食餐具讲究。不少餐饮空间还设有戏台，时有轻歌妙曲或委婉评弹，以增添宴饮时的娱乐氛围，可谓妙趣横生，心旷神怡。此时餐饮空间的定位和档次也得到了进一步划分，主要有两种，一种为经济型，另一种为享受型。另外，当时的茶馆被称为茶肆，已具有多种特殊功能，如供人们喝茶聊天、听书、品尝小吃、谈生意、做买卖、进行各种演艺活动、行业聚会等。

在西方国家，随着漫长中世纪的结束，文艺复兴运动的展开使束缚人们思想自由发展的烦琐哲学和神学的教条权威逐步被摧毁了。封建社会开始解体，代之而起的是资本主义社会，生产力被大大解放，技术科学急速发展。到 16 世纪，“Restaurant”一词第一次出现，指营养丰富、具有恢复健康功效的肉汤，有修复、还原之意。到 18 世纪，专为客人烹调食物的餐馆出现。1765 年，“Restaurant”一词第一次被应用为一个饮食机构，由巴黎买汤人布朗杰（Boulanger）使用。

关于餐厅的形成起源，业内主要有如下两种观点。

一种观点认为是民主共和促成了餐厅，1789 年法国大革命后，爆发了巴士底狱（Bastille）大风暴及恐怖统治（Reign of Terror）大事件，法国饮食业同业公会被迫解散，大量贵族逃亡，留下大批善于烹调的佣人，这些人在失去了上层阶级雇主后，不得不转而在面向大众的公共场所操起他们的烹饪手艺，以求得生存。加上那时大批从法国不同省份涌入巴黎的人们都有解决膳食的需要，于是餐馆在巴黎就如雨后春笋般发展起来，逐渐形成了法国人外出用餐的传统，并延伸到世界各地。

另一种观点则认为第一家餐厅的出现更早，且不是以一种固定形式出现的。在丽贝卡・斯潘（Rebecca L. Spang）的著作《餐厅的诞生：巴黎和现代美食文化》（《The Invention of the Restaurant：Paris and Modern Gastronomic Culture》）中曾写道过：餐厅的出现是为了满足健康的需求，而不仅仅是为了食物本身。丽贝卡・斯潘（Rebecca L. Spang）查到，在1776年，一位名为马蒂兰 ・ 罗兹 ・ 德 ・ 尚图瓦索（Mathuri Roze de Chantoiseau）的商人在法国巴黎开设了多家店铺，为人们提供健康美味的法式清炖肉汤。而这种专门为饮食预制空间的做法，对日后新型餐饮环境和饮食方式的形成完善都是重要的发展基础和促进因子。

无论是哪一种观点，至少可以知道，餐厅最初的经营本质是以修补、复原、益于健康为核心的。关于现代意义的餐厅起源地点，学者普遍认为应是来自法国，从餐厅（Restaurant）和餐厅老板（Restaurateur）两个单词均来自法语的动词（Restaurer）便可证明。而现代餐厅形式标准的建立则始于 1782 年，安东尼・玻维利亚（Antoine Beauvilliers）在黎塞留街上开业的伦敦大饭店（Grand Taverne de Londres），即餐厅在固定的时间内经营，设有独立的私人餐桌、花样繁多的菜单和精美的餐具。

随着第一家餐厅的出现，这种空间形式迅速蔓延至全球各地，例如1794年美国波士顿开设出了第一家餐厅。当时餐厅服务和就餐形式主要存在三大类。大多数餐馆提供的是一种标准的餐厅服务和就餐方式，服务员会为顾客们点上一份需要分享的食物，再由顾客自己动手分配，某些时候这些餐厅还会鼓励顾客尽可能吃得快速，这类餐厅常被称为“家庭风格”餐厅。另一类餐厅就比较正式了，在餐桌四周，有服务员随身携带许多食物，给予亲切贴心的服务，是一种俄国式服务，据说这种方式是由俄罗斯王子库拉金（Kurakin）在19世纪10年代介绍到法国的，并迅速蔓延到英格兰和更远的地方。还有一类是自助式餐饮方式，在18世纪的法国重新兴起，并在整个欧洲广泛流传。

此时，以“饮”为主的餐饮空间也迅速蜕变，比如说酒吧空间在酒品的发展下，得以演变成一种专门为人们销售酒、供人们休闲娱乐的场所。可从Bar的含义变化中了解到，约在16世纪，Bar一词多了“卖饮料的柜台”这个义项，后又增添了为提供娱乐表演等服务的综合消费场所的解释。

又如咖啡馆，大约也出现在16世纪。最早的咖啡馆叫做“Kaveh Kanes”，在麦加建成，最初是出于一种宗教目的，但很快这些地方就成了下棋、闲聊、唱歌、跳舞和欣赏音乐的中心。随着欧洲殖民者入侵麦加，商人们将咖啡带出，作为一种新型饮料引进西方的风俗和生活当中。1650年，欧洲第一家咖啡馆在英国牛津大学建立。1691年，美国波士顿开设了第一家咖啡馆（名为“London Coffee House”）。从此，咖啡馆开启了它在世界范围内广泛传播的旅程。

三、发展细分

餐饮空间在进入这一时期后，其空间功能、定位、经营方式、规模、餐饮文化、饮食规范、评比标准等几乎全面开花，快速发展，出现了许多不一样的声音和具有创造性的开创。

20世纪60年代之后，西方国家因过于信赖工业化时代的技术力量与推进社会发展的作用，导致城市问题、环境破坏、能源危机等问题不断严重。不仅如此，人们还认识到，20世纪西方现代化力量的拓展实际上也削弱了众多国家、地域和种族间的差异性，导致了文化传统的破坏，而对科学和理性的一味推崇，也造成了人性、自然与个性的忽视。现代主义的不足或弊端日益显现，因此开始出现批判现代主义观念与实践的先锋人物及理念。在反思过分强调技术与理性的现代主义之后，逐渐转向关注人文关怀的后现代时期，价值观念的多元化是这个时代社会文化生活中的最大特征。

首先发生改变的是餐饮空间的形式。例如1959年，纽约四季大酒店（New York's Four Seasons），由著名建筑师菲利普·约翰逊（Philip Johnson）和密斯·凡德罗（Mies van der Rohe）设计而成，他们用现代语言诠释的“精美”欧洲餐厅，给人们以新的认识。其中，

图1-5 历史旧照

当时人们在四季酒店Pool Room用餐的照片

图1-6 纽约四季酒店Pool Room餐厅

桌子围绕一个大型泳池，四个角上种真的樱花树，简约的线条设计和金灿灿的材料运用，整个餐饮空间现代、奢华、浪漫于一身

Pool Room 餐厅（如图 1-6）还于 1989 年被纽约市地标保护委员会认定为是餐饮空间室内设计的重要里程碑，它从 1959 年至今都没有改变，在那里人们按菜单点菜，其菜式也曾被《纽约》杂志评论为是“具有冒险精神的惊人新口味和奇妙搭配”。纵使是用今天的眼光来看整个餐厅的设计，仍然没有过时，魅力依旧。

1960 年，亚历山大·吉拉德（Alexander Girard）为美国纽约、曼哈顿的 La Fonda Del Sol 餐厅所做的设计，吹起了餐厅设计的新风尚。该餐厅以拉丁美洲风格和现代风格的融合为主题，并对菜单、纸板火柴、餐具、瓷砖地板、家具等进行了全面设计，在整个餐厅空间中，亚历山大·吉拉德创造了超过 80 种不同的太阳图案，用极富趣味性和带有流行感的元素设计，刷新了当时人们对传统风味餐厅的空间环境印象。

1970 年，又有一种全新的餐厅标准由爱丽丝·沃特（Alice Water）的 Ches Panisse（潘尼斯之家）餐厅

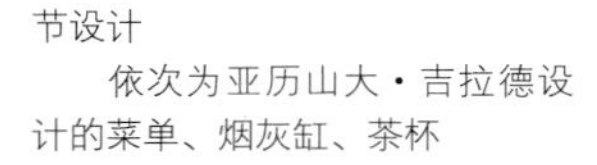

图 1-7　La Fonda Del Sol 餐厅细节设计

依次为亚历山大·吉拉德设计的菜单、烟灰缸、茶杯

图 1-8　餐厅用椅

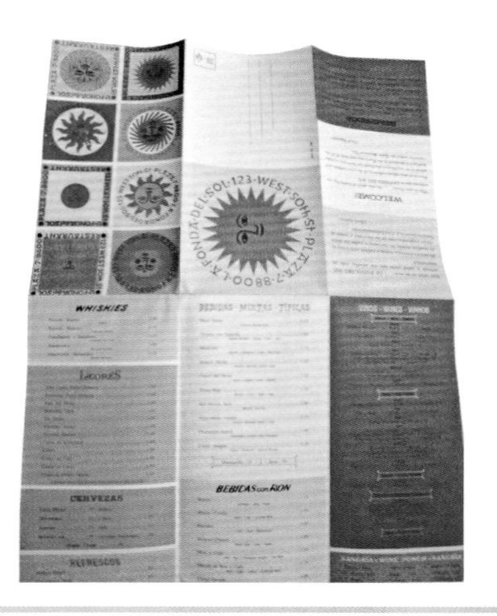

被建立，那里是加利福尼亚式烹调方式、证明有机食物有利于人体健康和展现艺术与工艺主义（Arts and Crafts）风格特征的象征代表。

1982年，沃尔夫冈·帕克（Wolfgang Puck）主厨与其妻子芭芭拉·拉扎罗夫（Barbara Lazaroff）在洛杉矶西好莱坞的日落大道上，开设了Spago餐厅，后来又于1997年搬至贝弗利山的佳能大道。该餐厅开创了一个真正的展示厨房，厨师们被置于一个敞开的空间中，将全部烹饪过程呈现给了消费者，并人为地营造出一种欢乐的用餐气氛。而这一做法又非常符合20世纪80年代，人们积极想要反映民众权利的时代特征。同时，伴随着厨房空间的公开，厨师这一固定角色得到了延伸，成为现代餐厅设计中具有点金作用的要素。

其次，餐饮空间根据市场需求细分出了更多类型。例如1810年，孟加拉国的一位企业家萨克·迪恩·穆罕默德（Sake Dean Mahomed）搬到英国伦敦后，在伦敦市中心乔治街开设了第一家印度外卖餐饮店：Hindoostanee Coffee House，该空间的出现彻底打破了餐厅只能堂食的概念。

20世纪20年代，第一间快餐厅在美国创建，它为人们提供快速的餐饮服务。快餐厅通过机械化、标准化、少量品种、大批量生产的方式，满足了人们日益高节奏的生活及高效率的生活环境，为餐饮界提供了新的餐饮方式和空间形式。

1946年，在我国香港中环，第一间茶餐厅——兰香阁茶餐厅开业。茶餐厅的前身是冰室，早年香港只有高级餐厅（当时称为西菜馆或餐室）会提供西式食物，而且收费昂贵。在第二次世界大战后，受西式饮食风俗影响颇深的香港人相继兴起了以廉价仿西式食物为主的餐饮空间——冰室，为普通大众消费者提供咖啡、奶茶、红豆冰等饮品，三明治、奶油多士等小食，部分经营者还设有面包工场来制造新鲜菠萝包、蛋挞等，大大拓展了餐厅的定位人群。

1971年，英国伦敦第一家主题餐厅——Hard Rock Café（硬石咖啡）向公众开放。该餐厅建筑原是一家劳斯莱斯车销售店铺，后由两个年轻的美国人改成一

图1-9　1955年，第一家麦当劳在美国伊利诺伊州的德斯普兰斯开设

图1-10、图1-11　纽约硬石咖啡室内环境

由SOHO设计而成，从入口到内部用餐环境，充斥着各种音乐元素，音乐氛围浓重，主题明显

图 1-12　硬石咖啡标志
图 1-13　莫斯科硬石咖啡中墙上展示的 Bon Jovi 乐队主唱 Jon Bon Jovi 的吉他

图 1-14　2014 年 3 月 1 日，古尔冈硬石咖啡的摇滚风开幕仪式

间有着悠闲自在氛围的美式餐厅。20 世纪 70 年代，有吉他之神称号的 Cream and Derek & The Dominoes 乐队创建者埃里克·克莱普顿非常喜欢到这家餐厅中用餐，在与两位老板成为好友后，还请他们为他长期预留一个桌子，例如在墙上挂个牌匾什么的。两位老板打趣地说："不如我们挂上一把你的吉他吧？"在欢笑过后，克莱普顿却真的给了他们一把吉他挂在墙上。没想到一个星期之后，另一把吉他也被送来了（是一把 Gibson Les Paul）。此后，吉他源源不断地被送来，这里也渐渐变成了一间拥有适中价格、热情服务、休闲美式快餐、感性摇滚乐及相关纪念品的主题餐厅，吸引着成群结队喜爱音乐的顾客，不论阶层、年龄和性别，硬石咖啡的出现为餐饮市场开辟了另一片天地，成为餐饮市场发展的新生力量。这类主题餐厅于 90 年代开始进入我国，并迅速蔓延。

另外，随着生存环境不断被破坏，污染等环境问题变得引人注目，与之相对应的生态餐厅、绿色主题餐厅应运而生，推进着餐饮空间向更高层次发展。

最后，餐饮空间的相关规范和评价体系也有所完善。例如 1900 年，米其林轮胎公司推出了被美食家们奉为珍宝的红色《米其林指南》。该指南中推荐的餐厅均是请专业食客在隐藏身份的情况下，亲身考察体验后，按各计分项目得分严格删选而成的，主要是以烹饪水准，环境、服务等方面为辅，最终再以一颗星至三颗星的方式表示该餐厅的综合良优情况。它公正中立的品鉴方式和简单直接的表示方式，迅速被食客们认可，逐渐成为了西餐行业中极具权威性的鉴定机。《米其林指南》的出现无疑对促进行业的规范、进步等都有着积极推动作用。

通过对餐饮空间发展历史的了解，我们不难发现，餐饮空间的基本形制早在古代或者说在 18 世纪巴黎最初提出"餐厅"这个概念的时候就已被确立。随着时代、社会、经济的发展，人们对餐饮空间的要求越发高了，人们既渴望在那里得以饱腹、解馋、恢复健康，又想实现交流、聚会、放松身心等更多功能，多元化的体验成为 21 世纪餐饮空间设计的主流。

第二章

主流“美馔”论类别

创作，不管是以何种形式呈现，都应该以尽多地满足和改善人们的生活为出发点。

—— 菲利浦·斯塔克

餐饮业中，那种仅需满足饮食需求的年代早已过去，取而代之的是富有个性、特色、多样性的餐饮空间。餐饮空间分类的方式和种类繁多，可以按餐饮空间规模、餐饮建筑的布置类型、就餐人群、经营的菜式或饮品种类、供应方式、服务方式、经营方式等进行分类。例如按就餐人群可以分为儿童、青年、中年等，按经营方式可分为独立、连锁、加盟等，按经营菜肴可分为鲁菜、川菜等。虽说餐饮空间的分类方式众多，但都不能全面涵盖，而是各有侧重，相互关联和组合的。本章选择一些常见的餐饮空间类型进行详细介绍。

图 2-1、2-2　合适——铸就美味

一、经典中餐

中式餐厅主要是为食客提供中式菜肴的场所，是可以领略中华悠久文化和民俗的地方。

中餐的饮食品种繁多、不同菜式的烹饪方式、食用方法、口味区别较大，拥有鲁菜、川菜、粤菜、苏菜、湘菜、徽菜、闽菜、浙菜这“八大菜系”；有以点菜为主的正餐形式，如高级餐厅、宴会厅等，也有以面食、米饭、点心、烧烤等为主的特色餐厅；其风格可划分为传统中式、新中式、现代中式、混搭风格等。

拥有悠久历史的中式餐厅，其空间设计可采用表达中式风格的元素众多，既有一些可见的物质形态，如中式传统建筑形制中的藻井、斗栱、照壁、镂空花窗等；室内家具陈设中传统中式条案板凳、餐椅餐桌、中国书画艺术作品、灯笼等；或用于服饰、建筑、绘画作

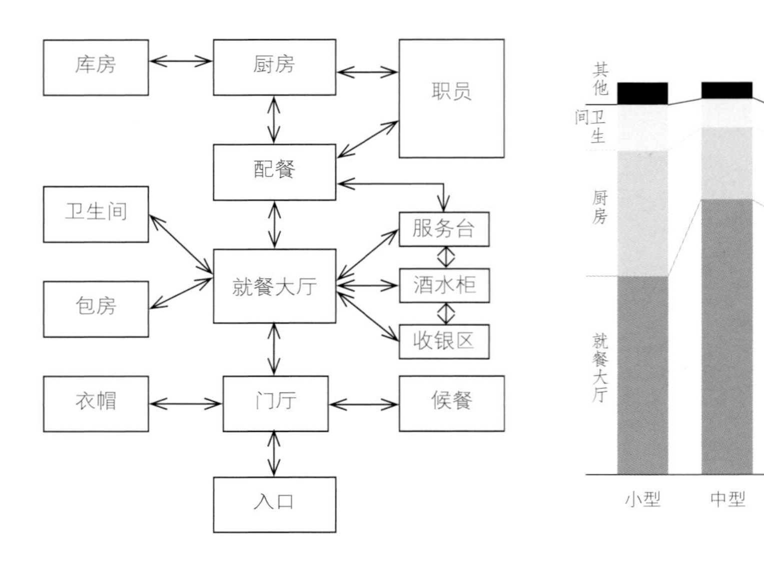

图 2-3　中式餐厅各功能关系图
图 2-4　中式餐厅各部分的面积比例
图 2-5　季裕堂上海环球金融中心柏悦酒店的世纪 100 餐厅

整个设计在传统中式元素的创新运用下显得现代、时尚和雅致

图 2-6　拉斯维加斯 Hakkasan 餐厅

设计灵感来源于古典中国风，精致华美的中国元素与拉斯维加斯的时尚现代风格有机融合，高冷的蓝色，在黑白的衬托下，更显优雅、神秘又充满诱惑

品中的中国传统纹样、图案、符号等，也有许多不可见的非物质精神内涵，例如中国传统文化教育中的阴阳五行哲学思想、儒家伦理道德观念、中医养生学说等。

二、情调西餐

西餐厅是提供西餐服务的空间场所，西餐代表了一种与东方不同的餐饮文化，通常所说的西餐不仅指西欧国家和地区的餐饮，还包括一些东欧国家的餐饮。这类餐厅在提供美食时，往往更关注空间中的社交功能与礼仪要求，西餐厅最早在我国被称为是“番菜馆”。

西餐一般以刀叉为具，以面包为主食，多以长条形餐桌为台形。西餐的主要特点是主料突出、形色美观、口味鲜美、营养丰富、搭配讲究。正规西菜包括餐汤、前菜、主菜、餐后甜点及饮品。

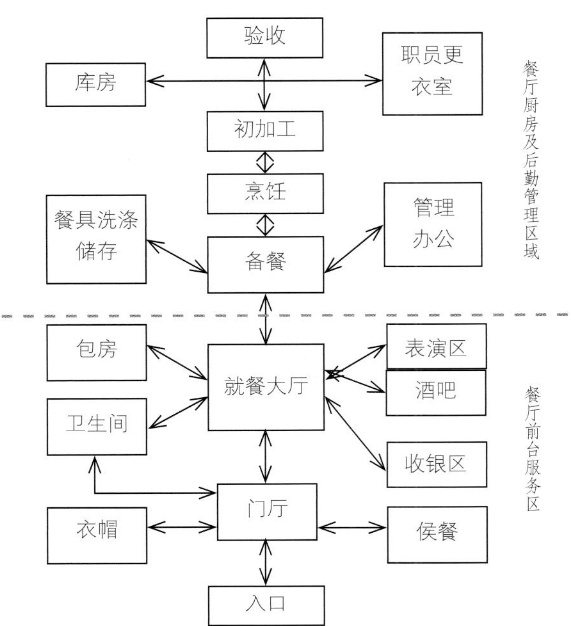

图 2-7　西餐厅功能结构图

图 2-8~ 图 2-10　巴黎 Monsieur Bleu 餐厅

该餐厅由设计师约瑟夫·迪朗（Joseph Dirand）负责完成，空间中现代时尚与传统元素相互融合，低纯度的色调搭配，圆润细腻的家具轮廓，在特制的白色大吊灯点缀下，展现了法式餐厅一贯的高雅、精巧和低调奢华

西餐厅按菜式大致可以分为法式、英式、意式、俄式、美式、地中海等不同类型。不同国家的饮食习惯各不相同，有人风趣地说：“法国人是看着厨师的烹饪技艺吃；英国人是注意着礼节吃；德国人习惯痛痛快快地吃……”

西餐之首是法国大餐，法式菜肴选料广泛、加工精细、烹调考究、重视用酒调味、讲究搭配、重质求精。与之相匹配的法式餐饮空间环境多浪漫别致，讲究情调与氛围的营造，餐厅中总是烛光摇曳、乐曲柔和、侍者彬彬有礼、店名优雅独特，是人们闲暇相聚、洽谈商务和谈恋爱的理想场所。

意大利饮食是西餐的起源，拥有众多广为人知的佳肴，其空间常带有地中海式的闲适，或简约中散发着自由而具格调的艺术风格。

西餐的服务方式主要有餐桌式服务（table service）、柜台式服务（counter service）、自助式服务（self-service）三种。其中以餐桌式服务最多，餐厅从点餐、上菜、分食等所有服务均围绕每个餐桌进行，当然这类空间往往定价昂贵，另计有餐位费。柜台式服务方式常出现在Lunchenette（小餐馆）、Snack Bar（小吃店、快餐店）里，就餐者从点菜、等候直到就餐，始终位于柜台的一侧，就餐者可目睹整个美食烹饪加工的过程。

西餐厅中多设置长方形餐桌，搭配精致的餐具，桌椅多选用沙发、软椅等使用舒适的类型。欧式建筑构件、古典家具、艺术品、烛台、植物及淡雅的配色、华丽的大理石等都是西餐厅中最常见的设计元素。

三、速度快餐

快餐厅是为消费者提供快速餐饮服务的场所。它随着繁忙的都市生活应运而生，这种简便快捷的饮食形式出现以后，得到了飞速发展，在饮食行业中占有一定的地位。

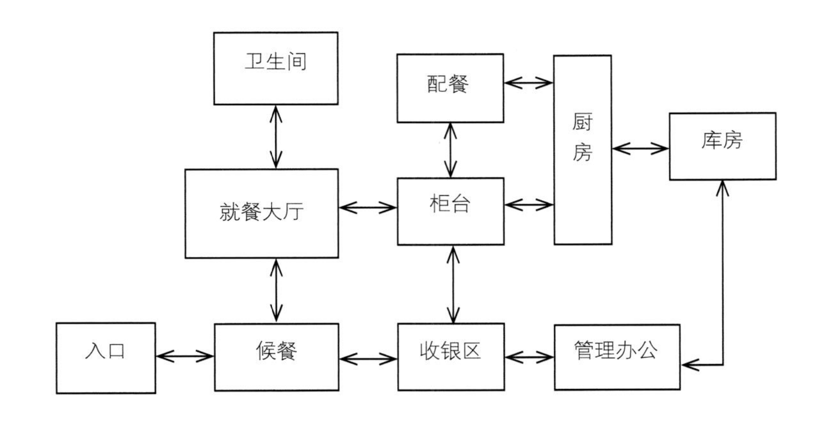

图 2-11　快餐厅功能结构图

快餐厅的规模一般不大，菜肴品种较为简单，多为大众菜品，食物食用便利，以半成品为主，烹饪快速，短时间保存不会影响食物风味，能满足客户在堂内用餐，或外带享用，通常价格适中。

按经营菜肴分为中式快餐厅和西式快餐厅两类。中式快餐厅是以中国人的餐饮习惯为基础，结合快餐的某些元素，以一种全新的属于中国本土的餐饮形式出现。多提供面食、炒饭、蔬菜、汤品等，饮食品种较多。西式快餐厅提供的菜品多为薯条、炸鸡、汉堡、可乐、披萨等高热量美食，多吸引年轻人的喜爱，但随着整个时代饮食观念的转变，健康、安全和卫生的饮食更受人们关注。

快餐厅空间一般分为入口、收银台、柜台、就餐区、配餐间、厨房、办公室几个区域。快餐厅需要在短时间内接待大量消费者就餐，人员流动性大，需要有合理的动线和动静区域安排，以方便顾客流动和餐食交易。快餐厅因食品多半为半成品加工，厨房操作流程简单，多为敞开式，其厨房占餐饮总面积的21%左右。有些快餐厅会加入一些自助服务方式来加大接待量。

在“快”为第一准则的餐厅中，通常就餐区桌椅摆放整齐、紧凑。空间多以暖色为主，以促进食欲，简洁明快、高效率、快节奏的气氛较为适宜。

图 2-12~ 图 2-16 位于黎巴嫩首都贝鲁特的Classic Burger Joint快餐厅

明黄色的主题色活力而明亮，搭配黑色对比强烈，吸引着来来往往的行人

四、互动自助

自助餐厅是一种由宾客自行挑选、拿取或自享自食的就餐形式，这样自由的就餐方式可使消费者的自主权发挥到最大，并可在较少服务人员的情况下，短时间内供应较多数量人员用餐。自助餐厅既适合普通的小型家庭聚会聊天，也适合较多朋友、同事之间举行活动，是食客享受饕餮盛宴的理想场所。

按就餐过程，自助餐厅可分为两种：一种是先在食品台选择食物，再按照价格付款品尝；另一种是先支付一定金额，再挑选食物。第一种自助餐厅的选菜台多设置在空间的一边，紧邻厨房工作区，结算台被安排在整个选菜路线的终点，路线起点摆有自取餐具，空间另一端常设置餐具回收台。一般食堂都采用这样的就餐方式。第二种自助餐方式最初只出现在高级饭店宾馆中，直到20世纪90年代后，先支付再品尝的就餐方式才逐渐平民化，成为现在熟悉的自助餐厅。按菜肴，又可细分为海鲜类、烧烤类、火锅类等。这类空间的就餐区多围绕自助选菜台设计，以使各个方向的客人都能经过较少距离获得食物。上述两种类型的空间布局都需要充分考虑顾客动线和配餐动线，推敲好选菜台在整个空间中的位置，以方便厨房对选餐台上食物的补给，减少顾客和服务工作人员之间的交叉干扰。

自助餐厅的家具要求在使用过程中，能够灵活机动，随意组合，以适应不同的就餐人数，同时餐桌与餐桌之间必须留出足够的通道，固定的餐桌餐椅也要预留人可以方便出入的距离。

自助餐厅空间多较为宽敞，常以家具或艺术半隔断作为视线动线等的分隔，以顶地的色彩、图案、材质、照明等方式来限定空间区域大小。其设计风格多简约大气，整洁明亮。

图2-17　某餐厅的自助餐台

图2-18　墨尔本Crown酒店的Consevatory自助餐厅

优雅的配色及精致的灯具及家具选择，整个就餐区呈现出殖民地式风格的典雅和好莱坞式风格的奢华，让在餐厅内用餐的人仿佛变身成为欧洲贵族

五、气魄宴会

作为大规模的就餐和礼仪场所，宴会厅一般设置在高档饭店、宾馆和酒店内。宴会厅大小不等，小到两三百人，多到千人大厅。宴会厅的最大特点是室内空间较大，建筑层高较高，空间较为开阔，多高雅、华丽。

宴会厅由于空间整体，面积较大，能够举行的活动较多，例如可举行大、中型宴会，婚宴、公司聚会等，也可举办时装表演、商品展示、音乐会及某些典礼活动等，故有多功能使用的要求。在设计时，要留有余地，能方便日后增设礼仪服务、会议设备、舞台等需求。

宴会厅的不同功能和氛围营造多通过空间布局、家具及软装的变化而实现。在家具、隔断使用上，以活动式家具、隔断为主，以尽可能保证空间的完整性。宴会厅中的设计核心是各界面设计，需要有良好的形式美感，并具有兼容性，能适应各种形式活动的使用。除了美观外，空间中的音效、照明设计也非常重要。

图 2-19　举办婚宴的宴会厅

独特的建筑空间能带来一个富有个性的宴会厅

图 2-20　纽约柏悦酒店的宴会厅效果图

高挑的空间，柔和的照明，统一的配色，营造出一个现代、低调奢华的宴会厅，白色简约的设计为日后的多功能使用预留可能性

六、创意主题

主题餐厅是指以一个或多个主题为吸引标识的餐厅，餐厅的菜肴、店面、就餐方式和环境等都以所倡导的主题为中心进行设计，给人以身临其境的全方位“主题”体验，从感官、情感、行为等方面引起人们的共鸣。这类餐厅常常充满趣味、与众不同、甚至有时是疯狂的，非常适合趣味相投的朋友之间的聚会、娱乐与尝新，吸引着追求个性、另类又有好奇心的年轻人。

在竞争激烈的餐饮行业中，主题餐厅往往能在众多竞争者中脱颖而出，迎合消费模式多元化的需求，快速吸引人们的眼球，使目标消费者蠢蠢欲动。但主题餐厅的定位不易，且过于新奇和另类的主题环境往往很难持久发展，容易过时。所以如何选择一个合适的主题是主题餐厅成功的关键。从理论上来说，可用作主题的内容非常之多，既可以是社会风俗、风土人情、自然历史、文化传统，也可以是宗教、艺术、体育、游戏、故事等，这些主题没有好坏之分，只是选择的主题是否符合市场环境和消费需要；针对竞争对手是否具有一定的排他性、特殊性和新鲜感。

客人来主题餐厅的目的主要是为了获得某种“主题”的体验，而不仅仅是为了“吃”，它更强调餐厅呈现出的整体氛围，故环境设计在主题餐厅中起着重要的影

图 2-21 ～图 2-25　瑞士 H.R. Giger Bar

由奥地利艺术家，被誉为异形之父的汉斯·鲁道夫·吉格尔（H.R.Giger）设计，整个空间以骨头模型为基本元素，通过不同的造型处理与功能变化，营造出一个主题明确，环境氛围诡异，并带有阴郁美学风格的炫酷酒吧

响作用。从空间布局、造型、色彩、家具、陈设、光影、音乐、温度等都需要以主题为中心，选择与主题密切相关的元素，可通过模仿、复古、意境营造等方法来塑造一个主题鲜明的特色创意空间，加深人们的记忆和印象。

七、异域风味

风味餐厅是经营某种特色地方风味或者地方佳肴的餐厅，其目标市场是同乡或偏爱特色地方风味的人群，以及喜欢偶尔尝鲜的客人。如东南亚风味餐厅、地中海风味餐厅、新疆风味餐厅、日本餐厅、韩式餐厅等。

风味餐厅通常以鲜明的地域主题、宗教、历史、风土人情等为特征，以口味正宗的地方菜为吸引，其菜肴、环境、餐具、服务、餐饮方式等各方面都带有浓郁的地方色彩。尤其在全球化高速发展的今天，这类餐厅吸引着许多热爱有传统风味的现代人。因为即便拥有发达的交通，也并非人人都有机会和时间去各地品尝当地的特色菜肴，风味餐馆正好满足了这些人的需求，做到不出家门便能尝到各地特色风味美食。同时，面对消费者不断多样化的需求，市场的不断细分，各地富有特色的风味餐厅成为许多人就餐的好去处。

风味餐厅需依据经营内容而设计，其中特色地域面貌、民族文化、饮食习俗等的参与必不可少，例如日式料理总离不开寿司台、四川火锅少不了巴蜀文化等。另外，风味餐厅中还常常要考虑人的情感需求、生活习惯经验等方方面面，以给予消费者心理以强烈的场所依托感。从建筑外立面到室内空间，均需多多表现出所选定的“风味”特色，直接明了、引人入胜。可通过使用一些能唤起人们记忆或联想的视觉符号进行设计装饰，例如可在空间中采用具有当地特色的色彩搭配；采用当地特色生活用品做点缀；运用当地传统图案做装饰等。

图 2-26~图 2-29　澳大利亚 Parwana Kutchi 熟食店

店面大小约 $45m^2$，由 Studio-Gram 团队设计而成，Mesh 为艺术指导，是一家阿富汗餐厅。整个餐厅室内空间的设计灵感来自阿富汗的后街小巷，蓝色的主色源于阿富汗传统建筑中的天青石色，搭配有当地文化内涵的图案和装饰元素，整个空间散发着浓浓的异域风情与阿富汗特色

八、醇厚咖啡

咖啡馆是为消费者提供以咖啡为主要饮品，其他饮品为辅，并搭配有蛋糕、华夫饼、甜点、色拉等一些简单食物的餐饮空间。在这里，或有知识分子、艺术家、思想家或作家们一边品着咖啡，一边宣讲自己的学识、高见、哲学；或有商务人士午间小歇片刻洽谈商务或享受工作等；或有想要解渴和休息一下的路人正在补充能量等。这里可谓是非用餐时间，适合社交聚会、放松身心的休憩场所，适合各个年龄层次的消费对象。

咖啡馆按地区分，大致可分为美式咖啡馆、欧式咖啡馆、台湾咖啡馆、韩式咖啡馆等几大派系。

美式咖啡馆像美国流行的快餐文化一样，大多体现了美国社会的快节奏生活方式。最具代表的是成立于1987年的星巴克。虽然它是全球最大的连锁咖啡馆，但其每一家分店，不论是在北美还是在中国，都表现了“像品咖啡一样去生活”的品牌故事，成为一种时尚文化的象征。以星巴克为代表的美式咖啡馆主要强调专业、快捷，商务氛围极浓，慢慢已演化成为了都市人的第二办公室。

欧式咖啡馆以法式和意式咖啡馆为代表，它们特别强调咖啡豆的品质及口味，用一句话总结就是“有工匠精神的私家小店”，例如COSTA。

台湾咖啡馆以上岛咖啡、老树咖啡、真锅咖啡为代表，可以说是从中国国情出发打造的咖啡馆品牌，成功将咖啡文化与中国特有的休闲文化相结合，是中国大陆咖啡文化的布道者，因此边喝咖啡边打扑克在这里也是很常见的。

最近几年中国一、二线城市中风头最劲的咖啡馆则是韩式咖啡馆，如咖啡陪你、漫咖啡馆、动物园咖啡馆、豪丽斯咖啡馆、途上咖啡馆等。在那里完全就是韩剧的剧情重现！韩式咖啡馆用超出消费者想象的华丽空间给人们一个短暂脱离现实的机会，在这里不只有咖啡，还有精美的餐具、多味的饮品、鲜艳的色彩、富有创意的各种甜品和食物，吸引着许多拥有浪漫情怀的消费者。

咖啡馆的功能分为走道空间、管理空间、调制空间及公共设施空间。咖啡馆内的座位数与房间大小比例关系一般为1.1~1.7m²/座。家具多成组布置，且布置形式能顺应需要而改变，以舒适的沙发为主。形式上，既有传统的欧式风格，也出现了许多富有主题性和个性化的空间风格，常利用多层次的照明方式来烘托氛围。在色彩方面一般选择米色、淡褐色等暖色系稳重色，这类色彩最能让人感受到温暖与放松。咖啡馆的设计致力于为顾客创造一个独立而亲切的品饮空间。

图2-30 咖啡馆各功能关系图

图2-31 咖啡馆各部分面积比例

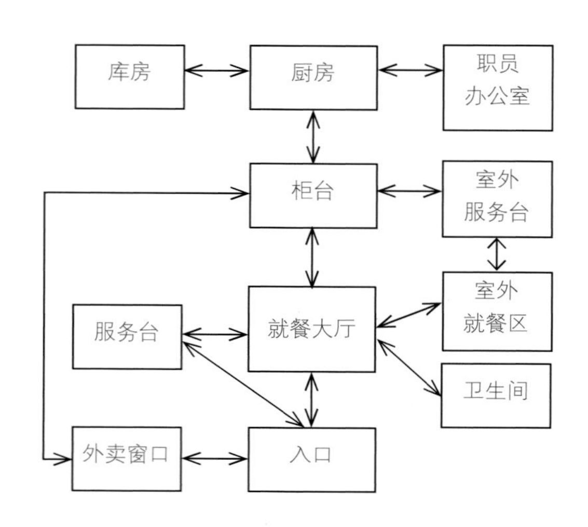

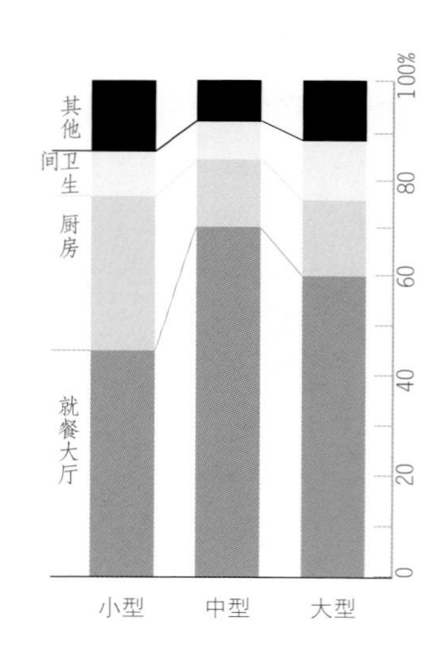

图 2-32~ 图 2-37 Pablo & Rusty 咖啡馆

位于澳大利亚，由设计事务所 Giant Design 设计而成，整个空间采用大面积的暖色调木材、再生砖、抛光混凝土、黄铜和锌等装饰材料，轻工业风格与讲究的细节设计，营造出一个舒适又有超高烘焙技术的咖啡馆形象

九、清雅茶馆

茶馆（Tea House）是以茶为主要饮品，还提供一些与之相配的零食的餐饮空间，是人们品茶、下棋、休息放松、娱乐消遣和社会交际的场所。一个大茶馆，就像一个浓缩的小社会，聚集着四面八方的各路人士。

茶馆在我国由来已久，是我国传统的文化形态。设计茶馆先要了解茶文化。例如我国民间的斗茶文化，始于唐，盛于宋，是古代有钱有闲人的一种雅玩。喝茶如果不考虑水温、沏法、饮法等也可以喝上茶水，但一杯好茶讲究的东西非常多，涉及沏茶、赏茶、闻茶、饮茶、品茶等各个过程，且每个过程中还有不同的方法。饮茶过程的烹饮分有煮、煎、点、泡四类，有煎茶法、点茶法、泡茶法三种茶艺，根据不同茶叶、不同地区的饮用习惯也各异。故茶馆可以高雅、精致，也可以休闲、随意和自由。

茶馆中最主要的是品茶室，分有散座区、厅座区、卡座区及包厢等。当代茶馆可大致分为中国古典式、现代式、其他式。

中国古典式茶馆又可细分成宫廷式、厅堂式、书斋式、庭院式、民俗式五种。

宫廷式茶馆延续了当年宫廷茶道，以及仪式、茶具等都要配套。一般表现茶道的高档次和高品味，其建筑外形及室内设计都按照宫廷的摆放方式，家具使用多紫檀或红木，是茶馆中最讲究和豪华的。

厅堂式茶馆在规格上仅次于宫廷式茶馆，在建筑及室内设计方面模仿古代士大夫等的祠堂模式，有着高贵典雅的特点，相较于宫廷式其点茶方式更为自由。

书斋式茶馆是读书、品茗合二为一的场所。它以中国传统的家居书房为模式，一般古朴雅致，带有书卷气。

庭院式茶馆主要是中国古典园林的缩影，不仅在室外环境设计中强调自然景观的建设，在室内设计方面，常借鉴中国古典园林设计的相关方法如借景等手法，营造一个曲径通幽，可以避开喧哗的闹市，享受片刻的清幽环境。

民俗式茶馆强调民俗乡土特色，空间以特定的民族风俗习惯、茶叶茶具、茶艺或乡村田园风格为主线，有明显的地域差异。这类茶馆分为民俗茶馆和乡土茶馆。

现代式茶馆是在传统茶馆基础上，结合时代的发展需要演变而来，有茶艺馆、红茶坊、综合式茶馆等。

茶艺馆，从字面上也不难理解，其空间在提供基本饮茶服务外，还兼备各种娱乐观赏性艺术表演，如戏曲、茶艺表演、舞蹈等节目，是一个可以品味茶文化、

图 2-38　斗茶图
图 2-39、图 2-40　老茶馆
在纪录片《茶——一片树叶的故事》中曾介绍过的成都百年老茶馆中的茶具与日常景象

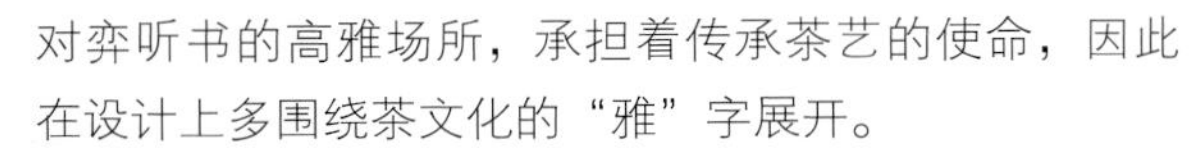

对弈听书的高雅场所，承担着传承茶艺的使命，因此在设计上多围绕茶文化的“雅”字展开。

红茶坊供应的茶水是改良以后的“饮料茶”，其口味适应更多年轻人的喜爱，是年轻人喜爱的聚集地方。其设计风格简约明快、清新舒适，常融合现代元素和设计手法。

综合式茶馆是指兼营或主营茶吧、陶吧、网吧等的茶馆，在这里，品茶并非主要目的，制陶、聊天、上网等才是消费者的核心需要。

其他式茶馆有后欧式、和式、韩式等。该类茶馆拥有浓郁的地域特色风格，人们可以在那里感受到不同的茶文化。

图 2-41~图 2-45　茗仕汇茶馆

由陈杰主持设计而成，以“禅”为主题，通过实木、青砖、干枝、石子等材料，以及灯笼、字画、古筝等装饰元素，营造出了一个带有传统中国意象，又现代、沉稳的饮茶空间

十、激情酒吧

酒吧是以供应各种酒类为主的消费场所，也备有汽水、果汁等不含酒精的饮品，以满足不饮酒的客人需要。酒吧往往设有舞台来助兴，轻松愉快的氛围、昏暗的光线、优美的旋律，是消费者疏解压力、享受美酒、演出的最佳休闲娱乐场所之一。

酒吧本身的种类非常之多，有主酒吧、清吧、酒廊、立式酒吧、外卖酒吧、宴会酒吧、功能酒吧、音乐酒吧、演艺酒吧等。

酒吧的英文有 Bar，Pub，Tavern，Lounge。Bar 多指娱乐休闲类的酒吧，提供现场的乐队或歌手、专业舞蹈团队、“舞女”表演。高级的 Bar 还有调酒师表演精彩的花式调酒。而 Pub 和 Tavern 多指英式的以酒为主的酒吧。酒吧有很多类型和风格，既有最低档的“潜水吧”，也有为社会精英人士提供娱乐的优雅场所。Lounge 这种酒吧形式多见于饭店大堂和歌舞厅中，装饰上一般没有什么突出的特点，以经营饮料为主，另外还提供一些点心小吃。

主酒吧（Main Bar 或 Open Bar）也称鸡尾酒吧和英式酒吧，在国外称作 English Pub 或 Cash Bar。主酒吧大多装饰美观、典雅、别致，具有浓厚的欧洲或美洲风格。视听设备比较完善，并备有足够的靠柜吧凳，酒类品种齐全，摆设得体，配有如台球、沙壶球、飞镖等设施，以及风格独特的乐队表演等。

清吧（Pub-Public House）或称为英式小餐吧，以轻音乐为主，比较安静，没有迪斯科或者热舞女郎，是针对大众消费的酒吧。顾客可以选择在吧室或餐室就餐，玩象棋、掷飞镖等，适合谈天说地、朋友沟通感情、喝喝东西聊聊天。清吧主要供应本地或外来进口的各类型酒类，包括瓶装啤酒、烈酒和桶装生啤等。

立式酒吧是传统意义上的典型酒吧，客人不需服务人员服务，一般自己直接到吧台上喝饮料。在这种酒吧里，有相当一部分客人是坐在吧台前的高脚椅上饮酒，而调酒师则站在吧台里边，面对宾客进行操作。

酒吧的就餐大厅一般分为吧台席和坐席两大部分，有些也会适当设置站席，供消费者自由活动。常见坐具有卡座、吧椅、沙发。酒吧在空间布局处理上，宜以人为主题，把大空间分成多个小尺度看待，使客人感到亲切。席位数需根据建筑面积决定，一般每席座位占据 1.1~1.7m^2 的建筑使用面积。

图 2-46~ 图 2-48 Bar Raval 酒吧

由加拿大设计团队 Partisans 设计而成，以西班牙新艺术为概念，通过最新现代数字科技，完成了一个线条流畅的木雕造型，搭配照明处理，酒吧犹如一件艺术品般，自由和舒展

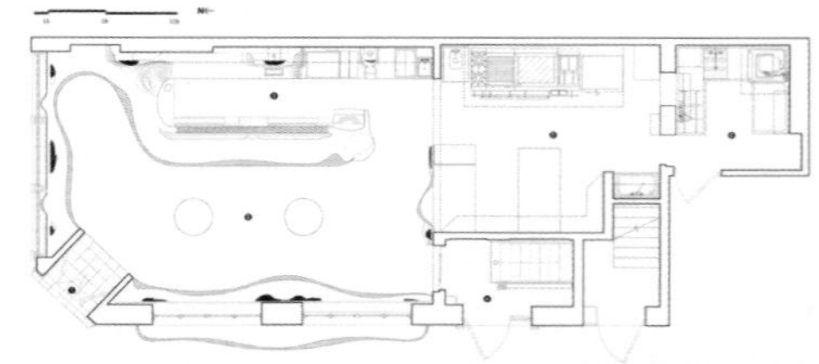

第三章
体验多元数当代

人为生而食，非为食而生。

——本杰明·富兰克林

进入 21 世纪后，餐饮空间市场不断细分，尤其随着体验经济的到来，餐饮空间设计出现了许多新的理念和思潮，不仅延续了 20 世纪 50~60 年代时的诸多观念，各建筑师、设计师们又结合时代背景、消费者需求、科学技术等，提出了许多新的见解和问题解决方式，为整个餐饮空间设计的推进发展做出了自身的极大贡献。

本章选择了 21 世纪餐饮空间设计中广受关注、设计精美、新颖奇特、带有启示意义的餐饮空间进行分析比较，既有奢华炫目的都市餐厅，也有低调含蓄的情调小店，通过解读案例中的设计创意、概念出处、核心思想等，尽量呈现这一时期餐饮建筑及室内设计现状，勾勒出 21 世纪餐饮空间设计主流。虽然本章在选择案例上力图具有代表性和典型性，但各案例的归类方式并非绝对，主要目的是通过介绍一个个设计独特的优秀餐饮空间案例，使读者们在感受设计师们绝妙的设计构思、天马行空的想象力、强大的解决问题能力同时，能获得些许启示。另外，关注设计师的个人设计理念对理解当代餐饮空间也同样重要。

图 3-1、图 3-2　自然界的觅食活动

一、复古延续

在各式各样的餐饮空间中，有一种类型总能轻易地引起我们的兴趣，那就是感怀历史、尊重人类过往文明，划有时间痕迹，带有历史感、故事性、能产生共鸣的设计作品，这种思潮尤其在 20 世纪 60 年代后，随着对现代主义设计的质疑，越发被人们关注。在刚进入 21 世纪的前 5 年左右，在时尚界曾有一句经典老话道出了这种复古延续风潮对当代时尚发展的意义：“一切过往的东西都会是一个新的开始”，这在与时俱进的餐饮空间设计中也不例外。

一个成功带有复古和延续感的餐饮空间绝不只是简单地模仿过去，而是根据具体项目特点，在历史发展、社会习俗、建筑背景中寻找合适又别致的内容表现，结合当代背景，平衡好形式与内容的相互关系，为消费者展现一个具有历史存在感和文化气息的就餐氛围。

在复古的主题下，各项目及设计师的处理手法和呈现方式不同。图 3-3~ 图 3-10 所示的 Mercato 餐厅是位于上海外滩三号六楼的一家高档意大利“农场时尚”料理餐厅，由法国米其林三星大厨让 · 乔治（Jean-Georges Vongerichten）主理。整个餐厅不仅着眼于主厨的烹饪思想，同时根据餐厅的地理位置，设计师营造了一个能让人回想起 20 世纪早期上海工业中心外滩熙熙攘攘、繁华景象的就餐氛围。餐厅所在的外滩三号是上海首个全钢筋结构大厦，始建于 1916 年，前身为英国有利银行。受到该建筑、老仓库、工业风格的影响，设计师在拆除餐厅近代室内装修之后，通过对原建筑结构的强化及古老施工工艺的沿用，来还原该建筑所拥有的年代美感。案例中，设计师保留了原建筑的斑驳天花，外露出钢梁和钢结构柱及残缺不全的墙面，以表达对这个当年建筑界创举的敬意。通过运用传统的工业元素如钢丝网、金属门、钢架结构、回收木料、天然生锈铁、古董等将人们迅速带回到过去，新增的混凝土、石膏板、玻璃、镜面、现代工业风灯具、仿古做旧沙发等，产生了新与旧的对比，亦古亦今，营造出了独特的老上海工业风情。

当阳光透过窗户洒在客人们的身上，人们在品味现代美食的同时，不仅能顷刻感受到上海现代、时尚和舒适的生活，还能联想起 20 世纪 20 年代上海曾经的华丽风韵，感念起上海城市发展曾经历的风风雨雨，而曾经历过这一时期的老一辈们，更能被激起万千思绪。

图 3-3~ 图 3~10
项目名称：Mercato
设计团队：如恩设计研究室
（Neri&Hu）
图 3-3　平面功能布局图

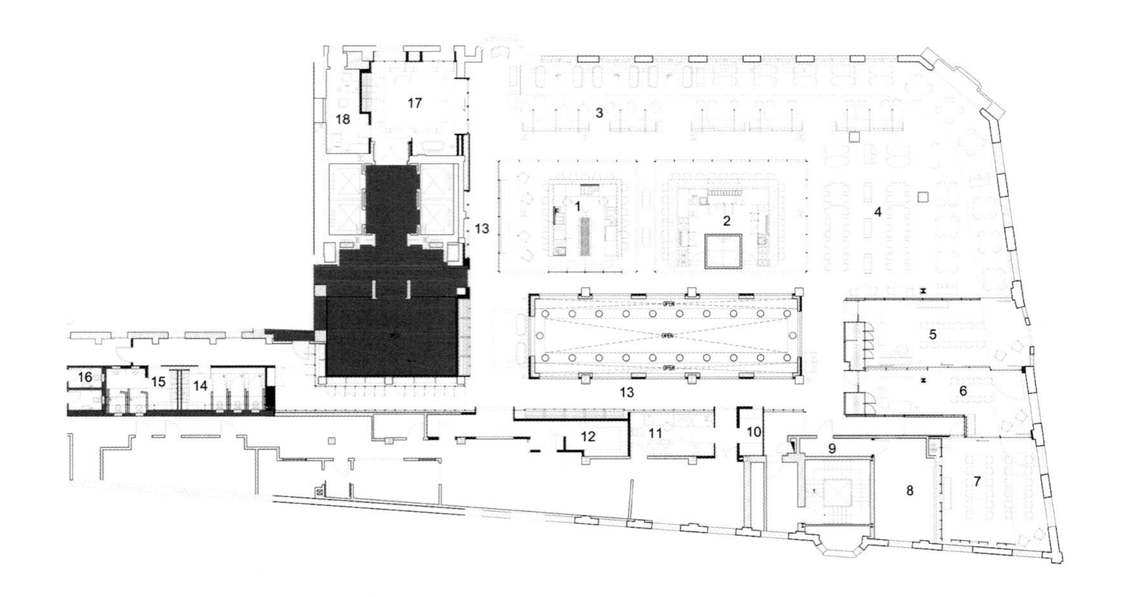

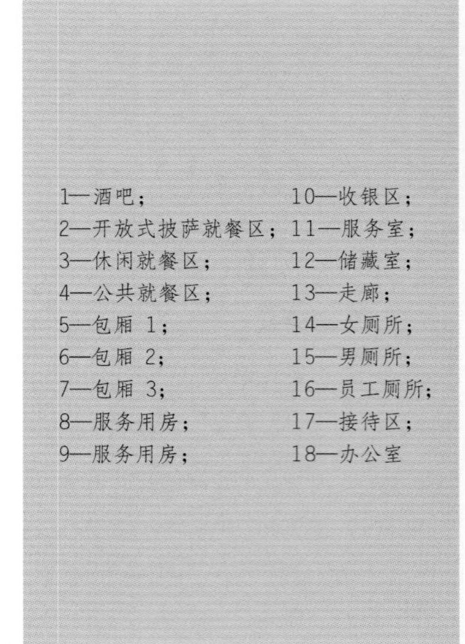

图 3-4 餐厅入口
图 3-5 餐厅走廊
图 3-6 餐厅酒吧区

图 3-7　酒吧区与开放式披萨就餐区的中间

各种工业元素和色彩充实着整个空间

图 3-8　酒吧区与开放式披萨就餐区吧台细节设计效果

图 3-9　包厢效果

镜面、移门的组合，让空间显得通透和宽敞

图 3-10　靠窗区域的就餐区

白色的顶面区别处理，划分了空间，使空间更加明亮，弧线的造型，也为工业主题增加了一丝柔和感

如果上个案例是用旧的元素对过往某个特定的时代进行复古与怀旧设计，那么南非卡普顿的 Truth Coffee 就从另一个角度进行了思考。如图 3-11~ 图 3-14 所示，与一般小清新的咖啡馆不同，Truth Coffee 以“蒸汽朋克”为灵感，整个空间中心是一个真正的老古董——20 世纪 60 年代时烘焙咖啡豆用的铸铁炉，其他所有的设计元素都选自工业时代最常见和具代表性的物品，如齿轮、管道、钢铁、仪器部件、皮革椅子、复古海报等，这些素材中有不少都出自二手器械收藏家大卫的收藏。设计师运用这些元素，并非是要复原蒸汽时代的室内环境，而是借由这些特定旧物，通过重新再组合的方式，改造成餐台、餐桌、或装饰品等，赋予传统事物以更多、更新的意义。整个咖啡馆个性十足、做工精良、华丽乖张，对追求趣味、自由的年轻人而言，这种带有创新的积极复古风无疑是最对他们胃口的。

尤其当服务人员在吧台内制作咖啡时，那些咖啡机还会发出如蒸汽机发动时般的响声，更是会引发人们联想，直点咖啡馆的蒸汽朋克主题。坐在这样的空间中品着手工制作出的纯正、传统浓郁咖啡，一定是令人印象深刻的。

图 3-11 重新改造后的 20 世纪 60 年代烘焙咖啡豆用的铸铁炉
图 3-12、图 3-13 空间细节设计，如皮革沙发、齿轮餐桌
图 3-14 咖啡馆一层总体氛围
餐饮区中心位置摆放着一张 7.2m 的超长餐桌，是用工业管道、可塑铸铁及从旧建筑中拆除的俄勒冈州松木材料制作而成

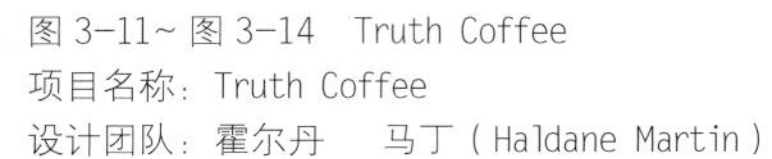

图 3-11~ 图 3-14 Truth Coffee
项目名称：Truth Coffee
设计团队：霍尔丹 马丁（Haldane Martin）

除了采用复古、模仿或将一些时代特征符号运用到空间中等手法能给人带去对历史的尊重和对过往人类文明的自豪外，当所在建筑空间本身就有着浓郁历史背景时，对历史的挖掘成了设计师常选择的设计切入点和引起消费者共鸣的表现要素。

图 3-15~ 图 3-21 所示的是位于瑞士的 Volkshaus Basel 酒吧和啤酒屋。Volkshaus Basel 原址是一处经历过 Burgvogtei 历史的中世纪庄园，其悠久历史可追溯至 14 世纪。这里曾经是一座酿酒厂，也有经营过餐厅、啤酒屋，开展过文化类活动，设有过音乐厅。然而在 20 世纪 70 年代，在城市更新和新建筑标准的要求下，这个经历了几个世纪的建筑被全部翻新，原本的建筑功能与面貌遭到了巨大的破坏。

为了能重新振兴这个地方，Herzog & de Meuron 工作室决定从当代人的使用需求角度出发，结合地址本身的历史发展背景，营造一个有据可循、独特唯一的餐饮空间。

在翻阅了大量历史档案后，设计师发现在该建筑的悠久历史中，数 1925 年被建筑师亨利 · 鲍尔（Henri Baur）重新规划和更新后的那段日子最为辉煌。当时 Volkshaus Basel 内部曾被合理地划分为音乐大厅、办公室、会议室、图书馆、餐厅和酒店等多种功能空间，每天来往于这里的人们不计其数。为此，设计师们决定以 1925 年为时间点，以恢复当时 Volkshaus Basel 的繁华景象和磅礴气势为目标。

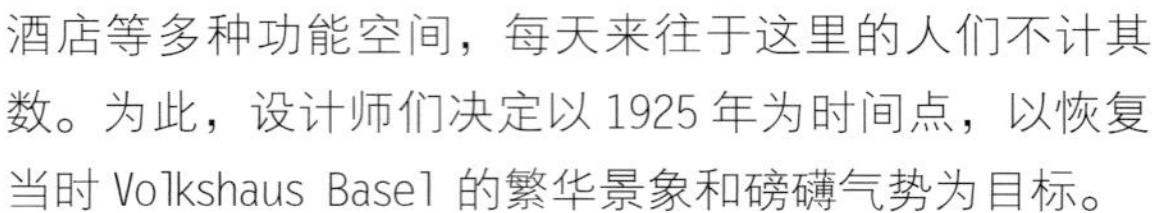

一方面，设计师们拆除了 20 世纪 70 年代时人们在建筑中增添的内置物，例如酒吧区，去掉了原本老旧的天花横梁及天花板，增加了通风管的配比，以恢复和提高原本的空间结构。然而这种做法的花费巨大，且有些地方的拆除工作也较难实施。最终，设计师们尽可能地将空间中的固定陈设去掉，换成现代工艺制作的具有复古气息的配件，以实现低成本重塑回 1925 年时的瑞士设计氛围。

另一方面，设计师们认为该建筑历史中所呈现的最大特点在于空间功能的多样性。为此，设计师们重新对 Volkshaus Basel进行了功能划分，现今，该区域共分有 9 大部分：No1——酒吧（Bar）；No2——啤酒屋（Barsserie）；No3——啤酒花园（Biergarten）；No4——庆典大厅（Festsaal）；No5——画廊（Galerie）；No6——联合大厅（Unionsaal）；No7——酒店（Hotel）；No8——会所（Club）；No9——熟食店（Delicatessen）。有些空间功能是延续 1925 年时期的功能，有些空间则是根据当代消费者需求调整的。其中 1~6 号均是就餐区，服务于不同饮食需求的人们。

还有，在空间风格上，黑白的经典搭配、传统锡材、高档皮革、仿古木材、钨丝灯泡、复古壁画等元素，共同复制出时间为这个空间所留下的痕迹。

图 3-15~ 图 3-21
项目名称：Volkshaus Basel 酒吧和啤酒屋
设计团队：瑞士工作室 Herzog & de Meuron
图 3-15　建筑外立面
图 3-16　室外过道墙面上用无衬体的手写英文字母，直截了当地将整个建筑中包含的所有空间功能全部告知来往的行人

图 3-28~ 图 3-30　如热气腾腾般的筷子造型吊顶和墙面上的青花大碗装饰都好像一把钥匙，开启了人们的记忆大门，让儿时吃面的回忆随着一口口爽口的面条被全部找回

牛肉面——面条用青花大碗盛出，滚烫的热汤中浮满了黄黄的牛油，筋道爽滑的面条上撒上了些牛肉，淋满了四川特色的喷香花椒大料，香气扑鼻。

透过这些记忆，设计师决定整个面馆以橡木材质为主，以青花瓷大碗、筷子、茶色镜、中国黑大理石等材质为装饰，通过现代的装饰手法以及 Y 椅和直线条的餐桌设计，营造出一个融合传统、简约干净的就餐环境。墙上布满的青花瓷大碗作为吃川味面条的一个重要符号，直接将其布满于墙面上，与用筷子组合成的云形花纹相互匹配，既像中式云纹，又像是人们在吃滚烫面条时的热气缭绕。热气迷了镜片，也无法停下手中的筷子，迫不及待地大口吸入，汗水浸透了衣背的快感，给人以历历在目的场景感，但又不会那么的具象，留出了想象空间和回忆余地。

本案没有多余的装饰，但却牢牢抓住了台湾孩子们都有的吃川味面条时的记忆符号，让所有前来吃面的客人收获家乡的味道，获得了最淳朴的感动。尤其是直接用碗筷做装饰，将“家常味”的记忆无限放大，刺激着味觉和记忆，引发共鸣，让人即刻想要品尝一番。2012 年该设计团队为该品牌宁波街店设计的面馆也延续了这一理念。

有时室内设计的力量是有限的，如果建筑或环境本身就能勾起人们的记忆那就更容易触动。

日本有一家餐厅就通过对日本深山里的某个小学校舍的改造，如图 3-31~ 图 3-36 所示，让人们在重游故地时，边怀念那时的年轻气盛，边获得新的味蕾享受，铸造新的记忆。

例如，设计师最大限度地保留了学校的建筑结构和界面材料装饰。一个个“班级教室”成为一个个独立的餐厅，在功能划分上保留了教与学的功能需求，但结合餐厅的经营和使用要求，将讲台变成自助餐台，课桌变成餐桌，整个就餐环境看起来非常质朴和温馨，带有浓浓的书卷味。又如那些 70 后、80 后主题餐厅里，开饭信号是上课铃声、菜单是多项选择题试卷、餐厅服务人员是班长、需要服务要举手回应等。对于想要重回校园生活的食客们而言，这样一个餐饮空间又怎能不让人想要约上三五个好友呢?

图 3-31~ 图 3-36　改造后的餐厅效果

这些餐厅都是在满足人们的怀旧心理，通过对某一过往事物等的还原、仿制、再造等，来触动人们内心深处的记忆，使经历过的人能获得一些思想上的共鸣，缅怀自己曾经逝去的青春年华和蹉跎岁月，而没有此类经历的人也能真切地体会一次。

如果上述几个案例中采用的复古和怀旧手段是人们对旧的、传统东西的一种处理方式，是设计师对旧有风格、时代、事物的喜爱或致敬。那么还有一种对“旧”的应对方法则显得更加积极，更偏重与“新”的融合，在设计时，常常是以现代人使用为出发点，通过对传统事物或旧建筑的改造更新，给予文化和空间以新的面貌，使之更符合现代人的使用需求、审美需求等，从而让传统的、悠久的、历史的事物文化得到持续的发展和延续。

图 3-37~ 图 3-40 所示的 Story 咖啡馆设计便采用了这一设计思路。该案例位于芬兰赫尔辛基海边的一个旧市场里。该市场大厅最初开放于 1889 年，是国家保护的文化遗产对象，记录着当时赫尔辛基的日常贸易往来，因此具有重要的历史意义。

Story 咖啡馆位于市场大厅中央的一个佳位，窗外就是摩天轮与广阔海景。该区域最初是被用来停载马车的，整个空间有着较高的层高和充足的自然光线。然而这过高的层高虽然显得空间比较宏伟，但却缺乏作为咖啡馆功能的亲近感。

为此，设计师在设计整个咖啡馆时，始终表达出对原建筑的尊敬之情，保留原建筑的基本结构、形式语言，同时又从新功能的使用角度，在空间氛围感上进行了最大化的平衡。

比如在尺度关系上，设计师在适宜的高度上，悬挂了各式吊灯来营造和打破原有的视觉高度，在浅灰色墙裙色块的帮助下，空间的围合感进一步得到增强。橡木色和蓝绿色的色彩组合，以及由赫尔辛基当地专业的工匠艺人亲手设计和手工制作的简约现代座椅，让空间更显活力、质朴和清爽。另外，本案中，设计师

图 3-37~ 图 3-40
项目名称：Story 咖啡馆
设计团队：Joanna Laajisto Creative Studio
图 3-37　开放式厨房设计
　　白色人字形图案柜台、橡木板展柜及绿色盆栽植物装饰，给人以清新感
图 3-38　餐厅靠窗的就餐区
　　墙上勾勒的色块处理，以及符合人体尺度的灯具设计，拉近了旧市场空间与消费者的关系

还将旧市场的地理特征优势融入到空间之中。图 3-39 中的灯具是用原始捕鱼陷阱制作而成的，富有趣味性，又能隐晦地将建筑所处的特殊位置表达出来，让人可以尽情想象其海风的凉爽。

改造后的 Story 咖啡馆开敞又轻松，为旧市场大厅带去了新的面貌，让人耳目一新。在这里旧建筑和传统习俗通过设计师的巧思，呈现出新时代的碰撞和融合，当消费者坐在这里，品尝着顶级披萨师傅用市场中最新鲜的食材制作而成的家常菜肴，眺望市场外的海景时，这个旧市场便得到了延续。

又如图 3-41~ 图 3-45 所示的瑞典 Bungen s Matsal 餐厅。该餐厅位于一个废旧的石灰石仓库中，其建筑建于 1910 年，曾是石灰石矿场的一部分，当年石灰石工业很发达的时候，这里是石头烧制后运输前所存储的重要仓库。1963 年，随着 Bungen s 地区被瑞典军方占领，仓库也被弃用，直到 2013 年初才重新启动修复，Bungen s Matsal 餐厅便是其中的一部分。

在改造时，设计师尽可能地减少了对现有建筑的影响，以最真实展现原始风貌为核心。采用在原有构造基础上增加新附加物的方法，使空间既相互融合，又可独立拆分，以减少日后空间扩展和调整时对建筑的二次伤害。新制作的松木椅由 Sk ls 建筑事务所和克里斯托弗 崇德（Kristoffer Sundin）合作完成，采用最普通的家具结构方式设计，原木色的处理方式也展现了桌椅的原始感受，与宽敞和空旷的内部厂房空间相互协调，裸露而随意悬挂的灯泡吊灯为空间增添一丝动感和光亮。

设计师这样设计空间不只是为了复古或怀旧，更是通过新的改造，在保留它本来意义的同时，赋予建筑新的内涵，延续它的生命，使旧的事物能继续谱写新的篇章，为后人带去更多的内容。

从食客的角度而言，当檐下灯在暮色中悄然亮起时，与一两个好友在这小小郊外浅斟或畅饮，约会或侃大山，吹着凉风也是一种生活的享受。从整个城市发展而言，这样的空间设计让旧空间得到更好的保留，为人们存下更多的历史遗迹，而且它们始终鲜活，能不断被丰富和填充。

图 3-39 用渔网设计的有趣照明装置做点缀，赋予了空间以新的面貌
图 3-40 餐厅提供的菜肴

图 3-41~ 图 3-45
项目名称：Bungen s Matsal 餐厅
设计团队：Skls 建筑事务所
图 3-41 改造后的外立面效果

图 3-42　平面布局图
图 3-43~ 图 3-45　餐厅入口、餐厅酒吧区域和整体的建筑外观

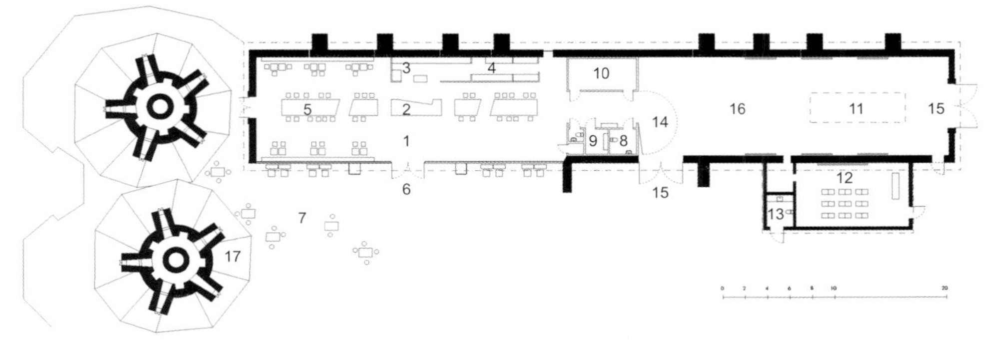

1—餐厅；
2—酒吧；
3—厨房；
4—洗碗区；
5—桌子；
6—主入口；
7—户外就餐区；
8—洗手间；
9—小便池；
10—仓库；
11—天窗；
12—电影播放区；
13—洗手间；
14—胶合板门；
15—双玻璃门；
16—艺术画廊；
17—石灰炉

图 3-46　军事医院教堂外立面

当日常美食遇见老旧的军事医院教堂时，Piet Boon 设计工作室给出了他们对现代与古典、新与旧如何和谐共处的答卷——The Jane 餐厅，如图3-46~图3-51所示。为了能将现代餐厅功能与建筑前身化作一体，设计师从空间功能布局、风格、材料、灯具、图案等各个方面进行了链接。

在空间功能布局上，设计师借由教堂的层高，将空间分成上下两个部分，一层是可容纳 65 位客人的大厅，二层是提供酒与小吃的 the Upper Room 酒吧。上下结构的分隔方式，最大化地利用了空间面积，在满足当代食客的多元需求同时，还能让高大的教堂空间尺度变得更加亲切宜人。

在风格上，餐厅采用的是新古典风格，让人在感受到历史痕迹的同时，又拥有了现代的简约，显出极致化的艺术美感。

在材料上，一方面设计师最大化地保留了教堂原有的材料及特色，如那些错综复杂的马赛克地面拼花和拱形天花结构；另一方面，设计师还增加了不少高质量的天然石材、皮革、橡木等材料来辅助营造空间环境。

在灯具上，150 根黑色支架与灯泡组成的放射型灯具，给空间披上了一层仪式感极强的外衣，与教堂神秘和肃穆的氛围相得益彰。

在图案上，设计师也是充分考虑了当代餐厅及老旧医用教堂之间在空间感受上的差异，例如，教堂正中央的高窗上是一个具有神圣感的巨大骷髅头造型；教堂的玻璃上仍以彩绘玻璃的方式组成，但其内容却是乔布・史密兹（Job Smeets）与妮科・塔娜杰（Nynke Tynagel ）设计的一系列天马行空的图案，如吃了一半的苹果核，生日蛋糕，带着防毒面具的企鹅等。设计师从图案内容和图案表现形式两方面进行了转变与保留，最终形成一种新颖的视觉效果和统一的空间氛围。

图 3-47　设计师的草图构想

图 3-46~ 图 3-51
项目名称：The Jane 餐厅
设计师：Piet Boon
窗户设计：Studio Job
吊灯设计：PSLAB

图 3-48　餐厅整体效果

　　伴随着时间的流逝，天花斑驳的肌理更加显示出其魅力所在

图 3-49　投影在穹顶上的巨大骷髅头仿佛在大笑着俯瞰餐厅中的饮食男女

图 3-50　顶面看下去的卡座布局及配色，高雅肃穆

图 3-51　彩色玻璃窗细节

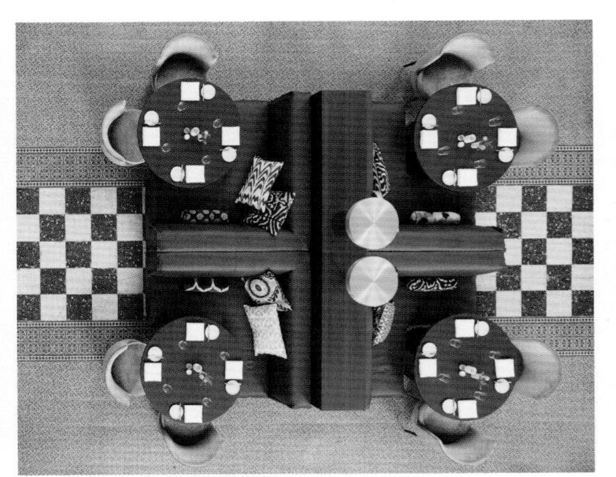

二、因地制宜

在国际化的现代社会中，地区与地区之间往来密切，旅游、参访、移民、外出求学者越来越多，各地不同的特色餐饮文化和佳肴也传入到各个城市和乡村中。但我们总能发现，同样是一种菜肴，在传入不同地区或国家时，它们的烹饪方法、口味等都会有所变化，例如同样是小笼包，在无锡个头较大，在上海则小巧许多，同样是浓油赤酱，上海口味偏甜，而湖南、湖北等则偏咸辣，这种变化是为了迎合当地人民的饮食习俗和喜好，使异域美食更好地在当地生存下去。在设计领域中，其实也是如此。

这种带有地域关怀和本土化的做法并非是当代的产物，在西方建筑史中，对建筑地域性的自觉意识可追溯到 19 世纪，例如无论是哥特式建筑还是文艺复兴建筑，都有融合地方特征的建筑设计现象存在。只是从 20 世纪 70 年代起，随着现代主义设计思潮的兴起，无限蔓延的国际式现代风格，让各地建筑文化变得过分单一化，地方精神严重缺乏。故在 21 世纪的今天，地

图 3-52~ 图 3-58
项目名称：Uncle, St Kilda 餐厅
设计团队：Foolscap Studio
图 3-52　餐厅入口区域

域问题成了人们广泛关注的全球性重要课题。在餐饮空间设计中，因地制宜也成了当代设计师最常采用的设计思路。

因地制宜顾名思义是指要根据各地的具体情况，制订适宜的解决办法。它不是狭隘的地方保护，或是族群对立，而是强调去创造一种能适应和表征地方精神的当代空间环境。它与当地的文化和地域环境密切关联，关注那里的文脉和都市生活。它不是单一的将标签式的当地传统文化或本土建筑符号相互叠加，填满一个空间，而是倾向于从各方面如风土人情、人文精神、生活习俗、审美情趣、气候条件、地方资源、经济制度、传统经验或形式等入手，吸取新的元素融入到空间环境中，从而使空间得以更接地气，既与国际接轨，又符合特定的环境，最终使空间收获场所感与归属感。所以在这类餐厅设计中，如何选择和提取元素，如何凸显各地文化特色，如何进行融合并使其具有地方适应性，既是本类设计难点，亦是其出彩之处。

比如图 3-52~ 图 3-58 所示是地处澳大利亚墨尔本南边的海滨城市圣基尔达的一家越南餐厅，名为 Uncle，St Kilda。整个餐厅的设计理念便是采用了因地制宜的思想。澳大利亚是一个多民族的移民国家，奉行多元文化，墨尔本作为澳大利亚的两大繁华城市之一，该特征表现尤为明显。而越南地处东南亚地区，拥有浓郁的异域色彩，为此如何将传统繁复的越南本土元素融入到墨尔本的现代都市氛围中成为设计师需要核心解决的问题。

首先在空间功能上，设计师考虑到了墨尔本良好的天气情况，将空间分为上下两个组成部分，楼上是提供主食的清新明朗的餐厅，楼下则是一间情调小酒吧，两种功能的划分正好满足了当地人喜欢白天享受阳光沐浴，放空自己，而夜晚却在酒吧里和好友畅饮聚会的日常生活习惯。

然后在空间的主题设计上，设计师以中国古代的金、木、水、火、土元素与越南菜系的五大味觉要素：酸、甜、苦、辣、咸结合在一起。而这一主题的来源也是因为很多越南饮食文化有受到中国文化的影响。

图 3-53　收银吧台区

其次在元素设计上，例如空间的色彩选择，楼上的餐饮区以木材原色、白色、灰色为基础色，奶黄色等缤纷鲜亮的颜色作为点缀，营造了一个轻松愉悦的大氛围。楼下的酒吧空间以黑色为主色调，在橙色、黄色的点缀下，传递着越南热闹的夜间城市氛围。在墙面的处理上（如图 3-54 所示），带有越南人们劳作主题的黑白创意拼贴画，显示出了餐厅的菜系和菜肴特色。又如在空间陈设、灯具、餐具和服务员服饰等细节上，也处处在凸显越南那傲人的手工艺制作特色。在这些元素的共同作用下，一个简洁、质朴的越南乡村景象被清晰地呈现出来。

最后在食物的口味上，餐厅也是采用了本地采购的原料来制作传统的越南饮食，例如本地养殖的山羊和猪肉都在菜单上出现，以迎合当地食客们的口味喜好。

图 3-54~ 图 3-56　楼上就餐区
图 3-54　墙面上印有一位笑容灿烂的普通越南农妇，后现代风的照片处理手法与简约的整体空间环境形成对比，直点主题
图 3-55、图 3-56 吧台式座位区空间中各个元素搭配相互协调，最适合点上一杯饮料，放眼屋外，享受难得的闲暇和惬意

在这里，传统的越南文化或元素符号并没有在空间中显现，而是充分吸取了墨尔本本土的生活习俗和审美文化，为消费者们提供了一个看似简单和漫不经心，但却简约时尚又有文化感的空间设计，耐人寻味，帮助餐厅在当地更长久生存和发展下去，吸引更多消费者。

图 3-57、图 3-58　楼下酒吧区
图 3-57　原来的酒吧区设计
早期酒吧区以黑红搭配，简单干练，但缺少热闹的氛围和楼上空间的联系
图 3-58　现在酒吧区的空间环境
色彩斑斓的吊灯以及与楼上就餐区色彩组合相一致的吧椅组合，为酒吧区域增添更多朝气和趣味性，墙面上增加的原创拼贴画丰富了空间的层次感

再来看图 3-59~ 图 3-62 所示的餐厅案例。从这个空间设计来看，能很明显感受到空间中有着多种文化的碰撞，有着不同风格的渗透，空间给人的感觉既熟悉又陌生。

这其实是一家以南美风味为主的餐厅，位于丹麦哥本哈根的一个废弃地下室中。设计师从充满热情的拉丁文化和斯堪的纳维亚风格中吸取了灵感，在开放式的就餐空间中，以材质为主要表现手段，整个餐厅的墙面和地面上大面积地砌有装饰着南美地域特色的墨西哥手工艺制作水泥瓦片，并以图案错拼的非传统方式，将具象完整的图案化成一个个抽象的点，来获得新的视觉效果。与代表现代简约的黑色、钢材框架和透明玻璃幕墙相互搭配，形成了一个带有强烈对比，拥有现代风采的南美风情就餐环境，绿色植物、黄铜灯饰和蜡烛的点缀，也增加了空间的温暖感。这次改建，设计师从拉丁美洲传统的建筑形式语言中提取到了元素，并成功将拉丁美洲本土文化与现代哥本哈根文化组合在一起，构建成一个纯粹而独特的餐饮空间。

图 3-59~ 图 3-62
项目名称：Llama 南美餐厅
设计团队：BIG 建筑事务所和 Kilo Design 工作室

图 3-59　餐厅就餐区域
彩色花砖和黑色家具的组合让空间既有拉丁美洲的热情又带有哥本哈根的冷静
图 3-60　玻璃展柜中，绘有传统图案的牛头骨装饰品，在蜡烛的渲染下，异域氛围浓烈
图 3-61　楼梯转角处的就餐区，整个空间尽显国际时尚气息

图 3-62　楼梯转角处就餐区的设计细节

在如图 3-63~ 图 3-71 所示的案例中，设计师又采用了另一种做法来处理两种地域文化在空间中的融合。

PAKTA 餐厅位于西班牙巴塞罗区，是一家以日本料理为主，同时又融合了其他各种菜系的餐厅。“pakta”在秘鲁的克丘亚语中本身就有“联合”之意，所以在设计时，便将日本文化与秘鲁文化相联合为设计核心。

从这些图中可以看到，整个餐厅的组成元素是以传统日式小餐馆为参考，保留了日本料理店最基本的如寿司吧、条形原木材料、简约木质家具等元素。但是在餐厅中最吸引人的视觉焦点是空间核心区里横竖交错编织在一起的彩条架构艺术，整个环境比传统简朴的日式餐厅拥有更为迷人的色彩氛围和活力。

这些彩条全是直接使用秘鲁织机制作完成的，其造型构架来源于传统织布机机制时的样子。之所以要在空间中支起这样的框架，设计师认为虽说这是一家日本料理，但现已来到了秘鲁这个国家，并被秘鲁那别样的传统餐饮文化、生活习俗等地域因素深深影响着。在众多秘鲁文化中，设计师敏锐地将目光锁定在了当地最为普及的传统手工技艺上，以立体构成为方式，以织布机中提取的特色形式和符号为元素，通过对织线的精确排序和创新组合，形成了一个具有张力，既理性又无意识，既沉稳又调皮的装置艺术。这些有序的织物不仅体现这一种特色秘鲁文化，也暗合了日本现代空间设计中常带有的禅宗道术之味和内敛之感。

本案例中，设计师通过将两国各自最有文化象征意义的传统元素融合在一起，让这个狭长的小空间在获得强有力的视觉冲击力同时，又产生了秘鲁文化和日式文化相互平衡、和谐共存的惊奇效果。

图 3-63~ 图 3-71
项目名称：PAKTA 餐厅
设计团队：El Equipo Creativo
图 3-63　餐厅入口区域设计
这个木结构框架既是一个视觉的遮挡，又是一个架子，可展示可储放
图 3-64　餐厅寿司吧
三段式的吧台设计，减少了场所的规模，方便了人员的走动与食物的传递

图 3-65　空间平面布置图
图 3-66　空间立面图
图 3-67、图 3-68　中心结构轴侧解析示意图
图 3-69~ 图 3-71　各视角下的不同空间效果

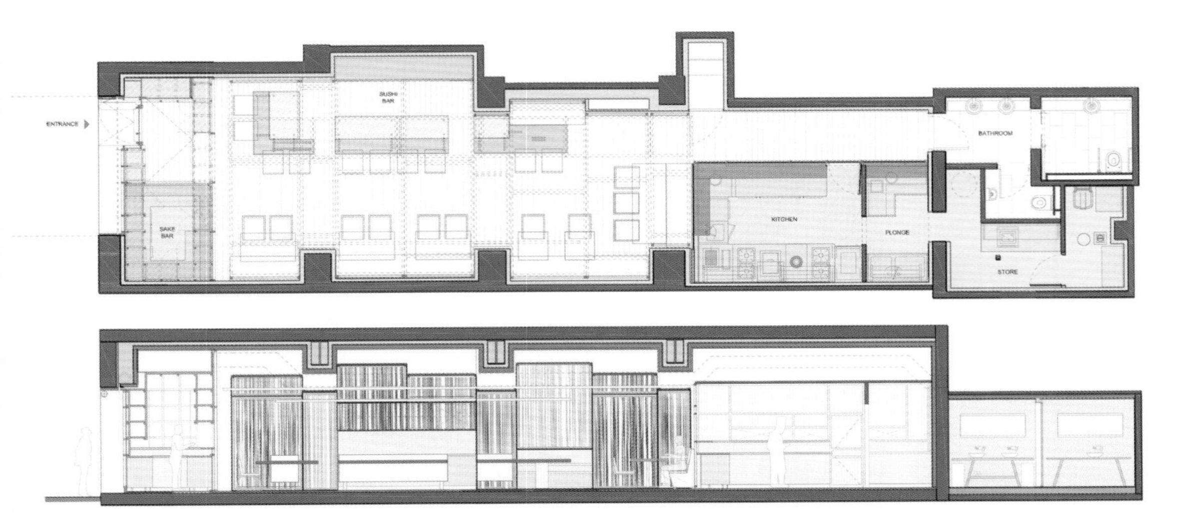

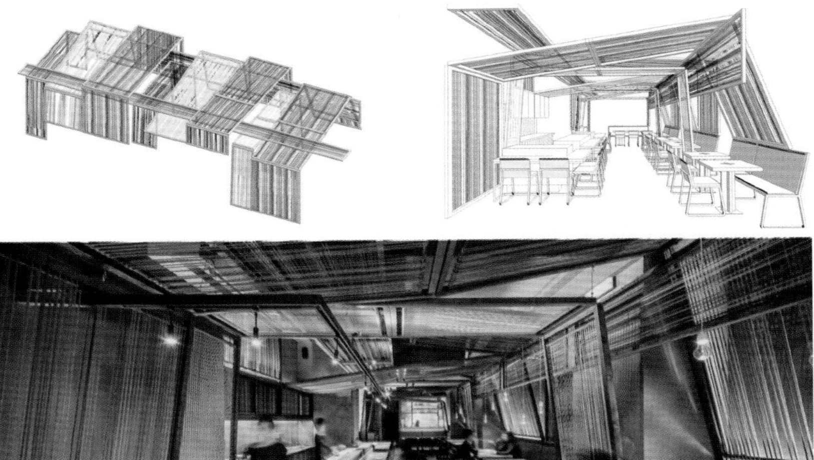

又如图 3-72~ 图 3-77 所示的 Vino veritas oslo 餐厅，位于挪威奥斯陆，主要经营西班牙有机葡萄酒和西班牙式生态小吃，共 198m²。在本案例中，设计师需要平衡好的内容是西班牙生态饮食文化与挪威当地的斯堪的纳维亚风格。

图 3-72~ 图 3-77
项目名称：Vino veritas oslo 餐厅
设计团队：Masquespacio 西班牙创意顾问公司

图 3-72　建筑及室外就餐区
图 3-73~ 图 3-75　室内各就餐区空间效果

吊篮、细茎针草百叶窗、西班牙陶土瓷砖以及典型的安达卢西亚古老阳台栏杆等传统元素都被重新定义和构成

图 3-76　平面布局图
　　不同区域的划分，适应了消费者多元的使用需求
图 3-77　餐厅空间效果
　　手工编织的灯具及墙面装饰元素，增添了空间的乡村感和原创性

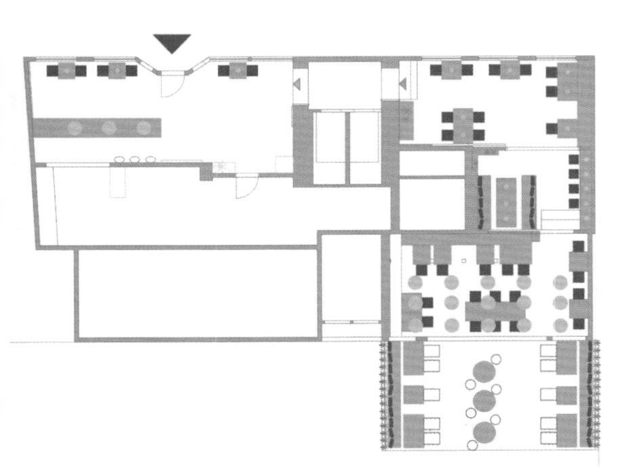

一方面在整体空间整体氛围的把握上，设计师以淡雅、自然、温馨为主，顶地墙三大界面上均以橡木地板为底，顶和墙面上又刷上了白色涂料，与造型简洁大方的浅原木色家具搭配在一起，将挪威国家所特有浓郁北欧气质——厚重和质朴精神全全保留了下来。

另一方面，西班牙文化是由基督教文化、穆斯林文化等多元文化相互渗透而形成的，所以为了让具有地中海风情的西班牙文化能和谐地融入整个挪威氛围中，设计师采用了开放式的自由空间布局，并大量运用茅草、卷帘等植物编制造型到空间之中，用带有古老文明气息的异域特色图案抱枕和生机勃勃的绿色植物作为点缀，它们共同将阳光灿烂的西班牙田园气息揉入当地清新高冷的空间氛围中，充分体现了斯堪的纳维亚风格里对形式和装饰的克制。本案例用一种富有人情味的现代美学，创造性地解决了跨国文化之间的交流，表达着设计师对传统文化的尊重。

如图 3-78~ 图 3-83 所示的空间设计上，应该可以猜测出这里可能是个与饮品有关的空间。它其实是一个鸡尾酒吧，名为 Gamsei，开在德国慕尼黑的 Glockenbach 时尚街区里。显然这和我们平时脑海中的鸡尾酒吧不太一样，显得新鲜而独特。

该酒吧老板马修・贝克斯（Matthew Bax）是个非常有想法的人，作为一名澳大利亚艺术家、调酒师和三家酒吧的老板，他认为每间酒吧都应该为消费者提供与众不同的鸡尾酒，而非全球统一、千篇一律。所以贝克斯决定通过赋予空间强烈的地方色彩来解决现实窘境，打造一个只属于巴伐利亚的酒吧空间，做到因地制宜。

在 Gamsei 酒吧中，鸡尾酒的选料和制作工艺都是贝克斯及其团队基于对当地农作、消费者口味、气候条件及传统制作工艺等进行大量调查和搜寻后综合研制的，比如它们家售有以薰衣草、蜂蜜等为原料制作的特色鸡尾酒。

整个室内空间设计由方案设计师、当地工匠及制造商共同商讨合作完成的。在功能布局上，该方案一改传统酒吧的功能分布，将调酒工作区放于空间中央，两侧靠墙处为大众饮酒区，设计有类似于剧场中的阶梯长椅供人们依坐。通过功能区相互混合的做法，一方面消除了普通酒吧里调酒师和客人之间的界限，让调酒的过程犹如舞台上的一出戏，调酒师的每个表演细节都能被清楚地呈现给“观众”，另一方面，这也增加了人与人之间的互动性，更符合当地人的交流方式。

在风格上，本案摒弃了不必要的装饰元素与地域符号，呈现出德式现代主义的简约效果。并通过建筑各部分之间的比例关系、元素间的虚实对比、光影变化及点线面构成等，试图在规律中寻找变化，以强调德国现代主义空间设计的体量肌理感和几何韵律感。

在材料上，设计师也从当地材料中选取，如木材和白色陶瓷等。空间中每个元素和细节都被精心设计，成功完成了贝克斯提出的“不一样的鸡尾酒酒吧”需求。

图 3-78~ 图 3-83
项目名称：Gamsei 酒吧
设计团队：由 Fabian A. Wagner 和 Andreas Kreft 完成
图 3-78、图 3-79　酒吧整体空间效果

图 3-80　敞开式的大门

可全部打开的折门将室内和室外全部打通，使空间面积得到最大限度的利用

图 3-81、图 3-82　自制的白色陶瓷瓶设计和信纸设计，给人以整体印象

图 3-83　柜门设计细节

活动式的多功能柜体设计，让摆放和收纳都变得容易

图 3-84~ 图 3-87
项目名称：Radu a 滑雪餐厅
设计团队：3LHD 建筑事务所
图 3-84 室内平面功能布局图
图 3-85 从餐厅内向窗外望去
图 3-86 建筑外观与雪山互为一体，自然舒展
图 3-87 餐厅内部设计
空间中巨大的火炉作为视觉焦点，与木头凳子一起，让人一进屋就能迅速感受到一股浓浓的暖意

在设计餐饮项目时，针对室内空间的因地制宜多从文化、生活习俗等方面入手，而针对建筑设计上的因地制宜，则需要设计师们在考量上述内容的同时，还要有更宏观的概念，尤其是当周边是美丽的生态自然景观时，将建筑物融合到自然景观之中，符合所处地理位置的景观面貌成为影响设计的重点之一。

比如图 3-84~ 图 3-87 所示的滑雪餐厅位于 Radu a 的山顶，海拔约 1720m。那里是能俯瞰整个山谷，有着如画风景的滑雪胜地。不规则的建筑外形与背后的雪山遥相呼应，升起的缓坡屋顶造型在白雪的覆盖下，更显和谐统一。走入室内后，游客们可以从南北两边的硕大落地玻璃墙看到天地一片的壮观美景。采用当地木材制作和设计而成的餐厅家具，创造了一个温馨而舒适的就餐氛围，让人们在滑雪间隙，点上一杯温暖的饮料，围坐在噼啪作响的炉火边取暖，边享受着雪山上的美食，边观赏高山上的美景，享受着滑雪运动带来的刺激与惬意。

整个案例若从外看内，它与雪山完美融合，好似自然雕琢而成；若从内看外，它又是温暖亲切的避风港，彰显了伟大人类的文明智慧。

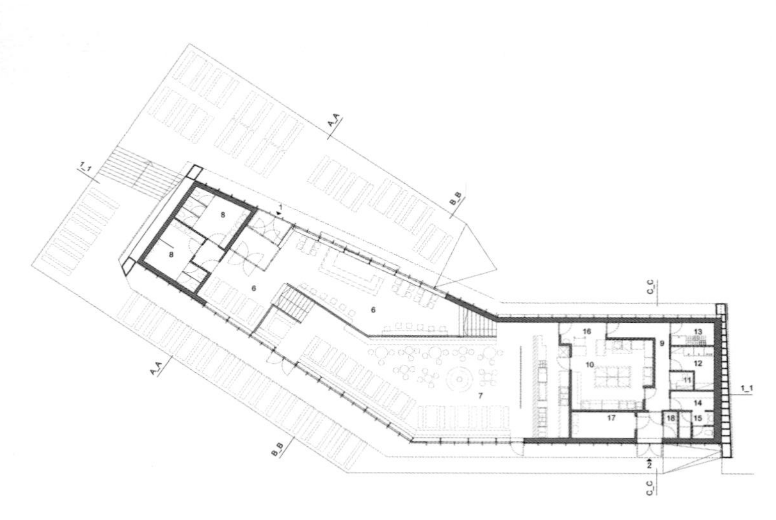

图 3-88~ 图 3-91
项目名称：Third Wave Kiosk
设计团队：Tony Hobba 建筑师事务所

图 3-88~ 图 3-90　不同角度下，建筑与周边自然高地、大海、植物等的关系
图 3-91　夜幕降临，在射灯的作用下，该建筑显出了现代工业质感和敦实体量感

类似的还有 Third Wave Kiosk 案例，设计师在设计中充分表达了对周边自然环境的尊敬。

该项目位于澳大利亚托尔坎海边，整个建筑中包含一个咖啡馆、信息亭、厕所及更衣室等功能空间，为来往的游客提供沙滩旅游必需的设施服务。该建筑矗立在主要的停车场和进入海滩的道路之间，是人们辨识方位和集合的重要标志点，故既要保证从海滩上和路边能看到该建筑，又不能突兀地出现在主沙丘上，与环境完全脱节。

从图 3-88~ 图 3-91 中可以看到，建筑物高度和折叠形的外观设计与海岸线和四周沙丘形态如出一辙，建筑外墙采用回收钢板桩，在适应海风腐蚀的同时，外墙上那些氧化后留下的红棕色和铜黄色让建筑与沙丘上风吹拂动的植被相互协调。

无论是清晨还是日落，无论从何角度望去，它都能完美地与周围景观组合在一起，宛如一座雕塑，成功点缀在这海滩沙丘之中。

但并不是所有项目都能有如上述两个案例这般优美的环境，大多数时候可能并没有大海，也没有湖泊或山脉，只是在普通城市中的某个街道或乡村某块田地上而已。如图 3-92~ 图 3-103 所示的 Ingfah 餐厅就是这样的情况，这个餐厅的周边全是建筑，没有什么特色美景，但却依然被设计得好像在度假村一样，让人赏心悦目。

该餐厅是一家泰国风味餐厅，位于泰国攀牙考拉，整个地块共有 2040m²。设计师在第一次现场考察完后，认为这里最具有感染力的就只剩草坪和天空了。另外，业主提出需要在短时间内完成整个餐厅的建造。

于是，IF 设计团队提出了一个全新的用餐理念，用坐或躺的方式进行用餐，同时鉴于时间有限，设计师决定以“多个小单元”的方式来组合出一个敞开式的餐饮环境，因为小单元比整个大型单体建筑更容易建造，也方便日后经营时的布局变动需要。每个单元都是一个独立的就餐区，由餐桌椅和一个方框组成，而沿着方框向上望去，正是那蔚蓝的天空。

图 3-92~ 图 3-103
项目名称：Ingfah 餐厅
设计团队：Integrated Field 建筑设计事务所
图 3-92　这种“坐井观天”的做法，倒是让人们可以用不同于往日的心境，来欣赏那再平凡不过的蓝天了
图 3-93　餐厅白天整体效果
吧台区域是整个餐厅的核心，周围散落着大小高低错落的小单元，在绿地蓝天的映衬下，洁白轻盈

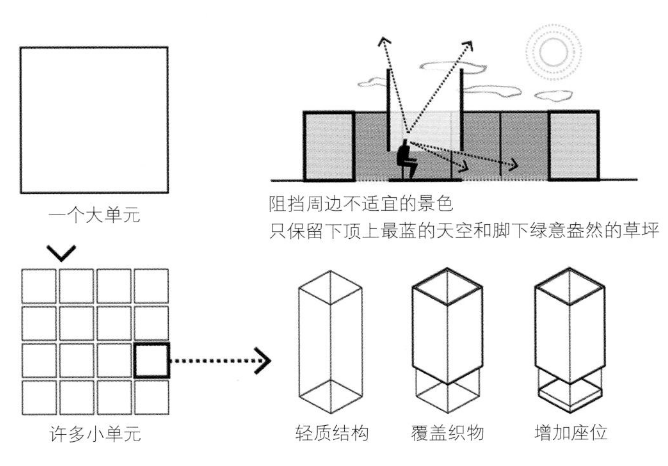

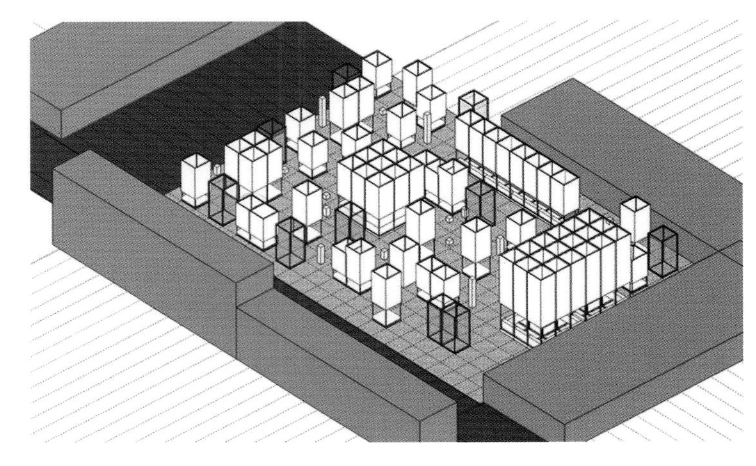

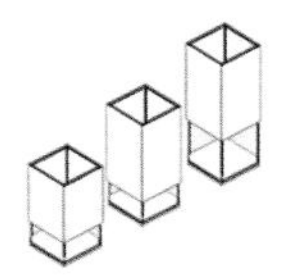
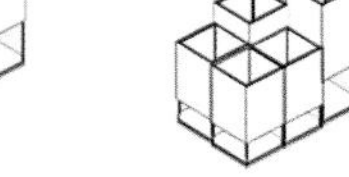

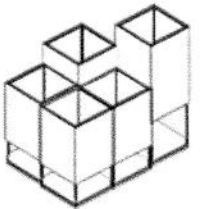

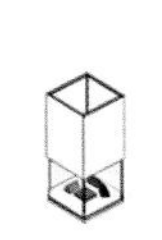

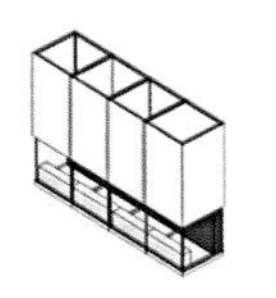

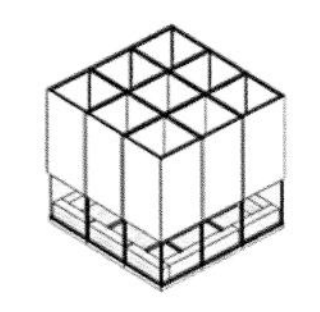

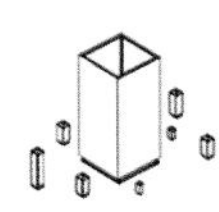

图 3-94　白天的视觉效果
图 3-95~ 图 3-97　单元组合造型与相互关系

图 3-98、图 3-99　夜间效果

而到了晚上，在透光材料和彩色间接照明的运用下，整个场地好似披上了一层优雅的面纱，显得柔和而安静，让人不禁忘却城市的纷扰，完全放松身心地躺下来，仰望着星空，时而低吟，时而又如孩童般细数天上的繁星，一个、两个、三个……去好好享受这难得的闲情逸趣。

在这个案例中，设计师牢牢地把握住了该选址的优势和劣势，并且仅用简单的材料和结构就化解了建造时间有限、选址区域景色一般等多个问题，同时还成功为消费者提供了一个景色优美，如旅游胜地般舒适的就餐环境。

其实，Ingfah 餐厅的地理环境还不错，这里好歹有草地，面积也大，能让设计师好好发挥，但是如果没有草地，地方又很小，还被建筑物包围，又该怎么办呢？

如图 3-104~ 图 3-107 所示的案例中，设计师也是考虑到选址的特殊性，通过设计，将原本不足的选址，转化成为该酒吧的一个亮点和特色。

该案例名为 Constellations Bar（星座酒吧），位于英国利物浦一个日趋重要的创意地区（Baltic Triangle）中的废旧院子里。星座酒吧的概念是由贝基·波佩（Becky Pope）、尼克·巴斯克维尔（Nick Baskerville）和保罗·塞弗特（Paul Seiffert）等人共

图 3-100　俯瞰夜间效果
好像一个个灯笼好像中国的孔明灯，给人一种平安和愉悦的氛围

图 3-101、图 3-102　不同角度的夜间效果

图 3-103　品上一口美食，仰望一下天空，原来在城市中也能享受这份自然的惬意

图 3-104~ 图 3-107
项目名称：Constellations Bar
设计团队：H. Miller Bros
图 3-104　酒吧区的整体效果
连绵多折的屋檐与后面红砖墙面的造型相互呼应
图 3-105　酒吧服务窗口下的木结构造型细节

同构想而成的，他们把社区活动、营销和啤酒酿造等多种多样的东西包括进这个酒吧中，并要求设计师们在 3 个月能完成项目。

设计师休（Hugh）和霍华德 ·米勒（Howard Miller）两兄弟在接到这项任务委托后，决定从选址的地域历史中学习以获灵感。他们了解到这个被砖块封闭起来的庭院以前曾是一座厂房，后因 1980 年时仓库屋顶着火，最终剩下了现在我们看到的情况。为了能让这个临时酒吧与选址环境更好的融合在一起，设计师通过把酒吧屋顶造型设计的与其背后山墙造型相似的做法，简单而有效得实现了过渡。

在因地制宜的思想里，反对的是一种“普世文明”，关注的是一种符合当代、当地场所精神的新语言形式，这就对设计师如何寻找合理的转换方式，高明回应特定场所的相关因素例如地形、气候、人文等能力提出了极大要求。

图 3-106　酒吧整体轴侧示意图
　　酒吧共包括户外畅饮区、售卖区、艺术空间及社区花园四个部分

图 3-107　侧面看去的酒吧造型
　　光洁明亮的木质结构框架，采用现代简约风格设计而成，与周边斑驳的红砖墙面形成鲜明对比，既展现了新建酒吧区的年轻朝气，也反衬出该选址地的悠久历史感

三、自然生态

人们对自然的喜爱是与生俱来的，尤其是随着城镇化的快速发展，越来越多的人住进了“方盒”中。在城市里，天空看上去总是那么遥不可及，它的夜晚总是那么明亮，连天上的星星都悄悄地躲了起来，城市的空气质量也总不尽人意，绿色植物的缺乏让这里的空气变得稀薄，因此，当代城市人对自然的向往也更加强烈。人们渴望获得一望无际的草原、天空，将一切自然生态尽收眼底，渴望在一场润雨后，待在散发着淡淡清青草香的山野间，看天边慢慢架起彩虹桥梁，此时要是能再来份酸辣爽口或清甜香醇的绿色佳肴，定能压力全无，全身心地醉生于这伟大的自然界中，自由自在。

图 3-108、图 3-109
项目名称：Ithaa Undersea 餐厅
整个餐厅可满足 12~14 人同时进行用餐，玻璃幕墙外满是阳光、大海和鱼儿们的杰作

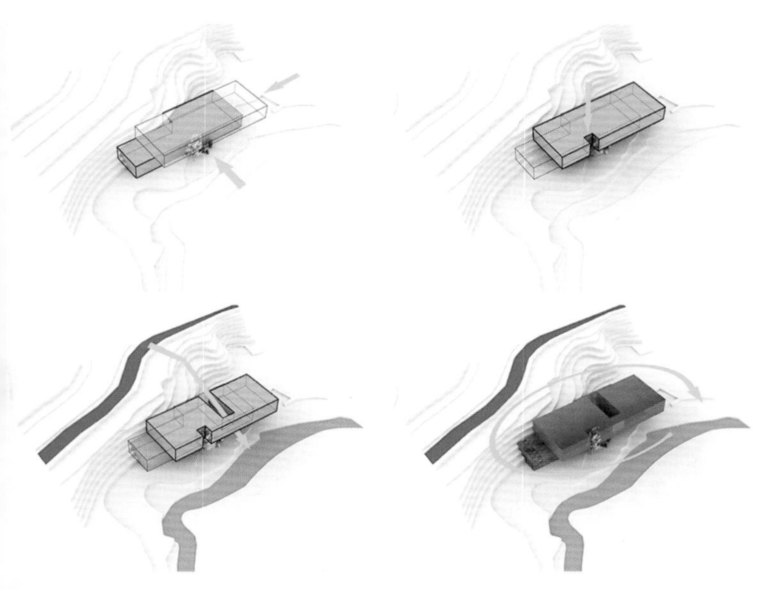

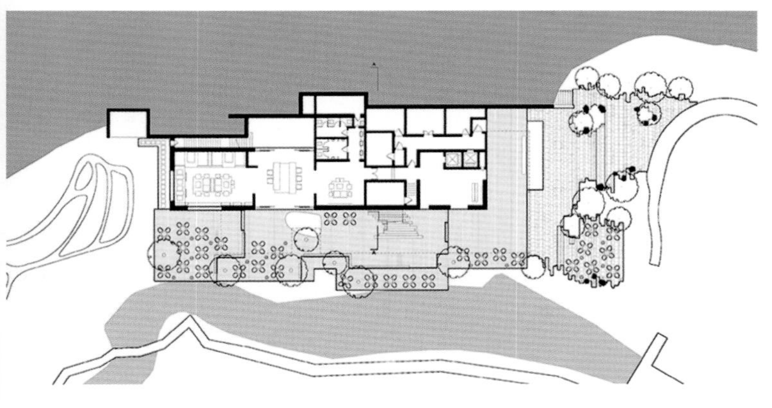

图 3-110~ 图 3-114
项目名称：君澜七仙岭热带雨林温泉酒店西餐厅
设计团队：建筑设计：Verse Design；室内设计：Symmetry Design；
景观设计：H&A Landscape
图 3-110、图 3-111　分别为建筑地理环境分析图、平面一层布局图
图 3-112~ 图 3-114　餐厅建筑外景及室内空间效果

为此，这类餐饮空间有的从选址开始便将目光放在了景色宜人的生态自然地区之中，例如图 3-108、图 3-109 所示的马尔代夫（Ithaa Undersea）海底餐厅。整个餐厅位于温暖的印度洋水下 5~6m 处，四壁完全由抗水压、透明有机玻璃制成，透过通透的外墙，人们在里面用餐时既可观赏到海洋生物在那里穿梭往来，也可看到珊瑚在那里静静绽放，随波摇曳。

还有如图 3-110~ 图 3-114 所示的海南三亚君澜七仙岭热带雨林温泉酒店西餐厅，也都拥有良好的外部自然条件，设计师只需要将外面如诗如画的美景引入室内，即可为来此地度假的人们带去一份绿意和宁静，使他们在鸟鸣蝉叫声中，忘却烦恼、放松身心。

又如图 3-115~ 图 3-119 所示的 Yellow Treehouse 餐厅设计更是将融入自然的想法彻底表达。该餐厅位于美国加利福尼亚州奥克兰市以北的一块用地中，一棵高 40m，底部直径 1.7m 的大树上，是一家树屋餐厅。在这里，食客们可从建筑外墙的缝隙中，俯瞰山谷的景色，聆听鸟儿的歌喉，沐浴在阳光下，过着闲庭野鹤般的野趣生活。

整个餐厅造型独特，像是一颗巨大的果核，与大树干和地块其他景色和谐共存，浑然天成，天然去雕饰。规则有序的木条结构又展现出了人类伟大的建造智慧。白天木色的外立面与周边木色相互统一，夜间镂空的设计及灯笼般的造型，让餐厅化身森林中的一盏明灯，指引人们通向文明世界。

要进入这个高高架起的餐厅，需先经过一个走道，曲折迂回的走道连接着建筑中部裂开的部分。狭小的餐厅内的位置有限，只有 18 个座位，一个吧台。每次可以在这里用餐的名额非常有限，而在这种只在童话故事中出现过的树屋中用餐，对很多人来说，都是儿时许多梦想中的一个吧！

当然，这类餐厅往往是在一些度假村或自然风景区内，离城市非常遥远，所以要想获得这样的就餐体验很可能需要制订一个旅行计划才能享受得到了。虽然不得不承认，这类餐厅所提供的就餐体验是与众不同又令人难忘的，但是它们的成本和价格也会让许多经营业主和消费者望而生却，对整个餐厅行业来说，这毕竟是极少的一部分。那么，当没有了外部的自然景观，又如何能让人感受到自然和生态呢？

图 3-115~ 图 3-119
项目名称：Yellow Treehouse 餐厅
设计团队：Pacific Environments，由彼得·艾辛（Peter Eising）和露西·冈特利特（Lucy Gauntlett）主设计
图 3-115　在阳光下，树屋与周边的植被完美融合，仿佛原本就长在树上一般

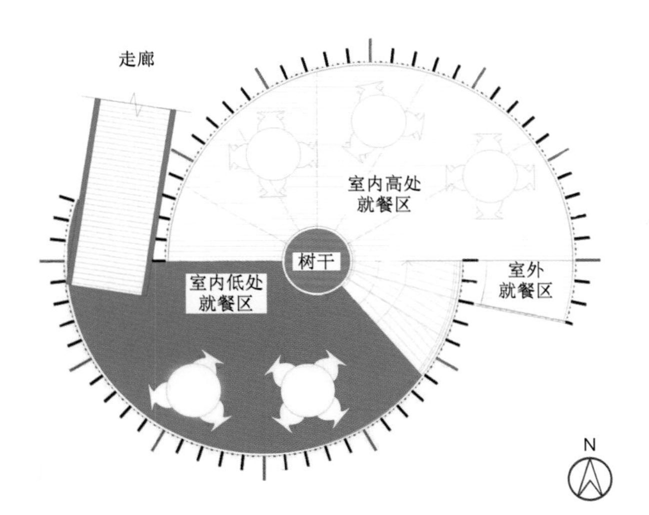

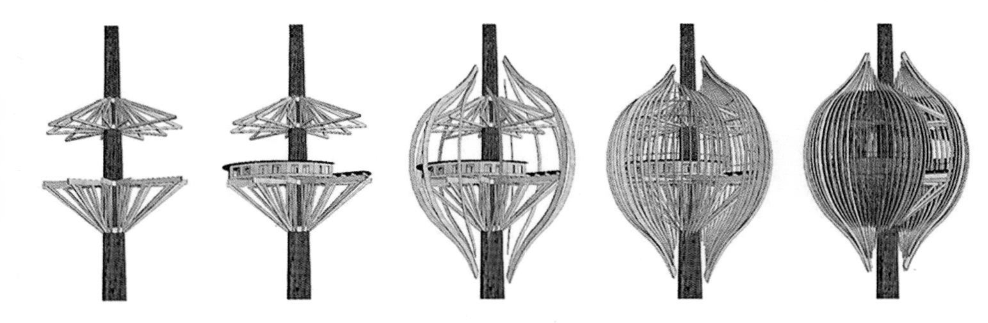

图 3-116　夜间餐厅效果

暖色灯光的渲染，让整个树屋餐厅看上去犹如黑夜中一盏明灯，给人以安心温馨之感

图 3-117　平面布局图

图 3-118　白天餐厅室内效果

阳光从周围木条缝隙中透过，洒在白净的餐桌上，这种融于森林的自然野趣让人身心愉悦

图 3-119　建筑框架结构图

图 3-120~ 图 3-122
项目名称：KAA 餐厅
设计团队：Leonardo Finotti 工作室，Arthur de Mattos Casas 主设计
图 3-120~ 图 3-122　不同角度下的餐厅效果
那面大型植被墙是整个空间的视觉焦点，是体现自然氛围，营造绿洲的重要元素

最直接的方法就是将绿色植物直接引入室内空间中。例如图 3-120~ 图 3-122 所示的案例，餐厅名为 KAA，位于巴西圣保罗市内，整个建筑基地面积宽大，约有 798m^2。

设计师为了能给食客们在喧闹的城市中开辟一片净土，让人们不用出远门就能享受到清新的空气和浓浓绿意，将餐厅中一整面高墙全部栽上植物，总共有来自大西洋森林的植物品种 7000 多株，形成了一个巨型垂直绿化墙，其底部下的水镜设计更使绿化墙得到延伸，增加了气势与意境。木材、棕色、自然光及暖色射灯的设计搭配，再次强调了餐厅的自然主题。此外，人们从餐厅外立面并不能想象到其室内的自然风情，这种室内外的反差对比进一步加深人们对餐厅的印象。

另外，餐厅中庭高层高的天窗设计，在自动帆布的遮蔽下，散发着柔和的光线，并为空间带来一股暖意。开敞式就餐环境中，选择了舒适的沙发长椅，可躺可靠。简约的木质吧台及其架上不落俗的装饰摆件，都营造了一个宁静清幽的优雅环境。

设计师 Casas 精心搭配各个细节，成功为繁忙的保利斯塔人建造了一处城市绿洲。

当然除了绿色植物，花卉的融入会让空间变得甜美可人，附上一种如女性般的柔美色彩。

例如图 3-123~ 图 3-126 所示的 Lily of the Valley 茶店。在这个不大的空间里，法国设计师通过花卉植物的介入，弥补了原本空间狭小的不足，彰显出卓尔不同的个性特征。

图 3-123~ 图 3-126
项目名称：Lily of the Valley 茶店
设计团队：Marie Deroudilhe
图 3-123　从屋内向街外看去，好似在窥探另一个世界那又熟悉又陌生的生活
图 3-124　原始的地砖和凹凸白墙平衡了空间，犹如一位刚柔并进的法国女性
图 3-125　吧台上的镜面设计，无形间开拓了空间的视觉大小，使空间产生更加宽敞的错觉
图 3-126　卫生间中采用 Nanna 风格的印花浴室墙纸，显得清新优雅

茶店的天花板上全部被花草倒挂铺满，白色的吧台、黑白相间的几何地砖让空间显得干净清爽，远远看去宛如花店一般迷人。当人们走进店里后，幽幽的花香、浓郁的茶香，甜甜的蛋糕香交杂在一起，瞬间洋溢出法式浪漫和文艺气息。

还有些设计师通过对自然的模仿学习，或从形态，或从色彩意象，或从触感等方面为人们带去一个有自然主题倾向的就餐氛围。通常一些少人工痕迹的原始材料、自然界符号等是最常用的元素，设计师通过这些元素的引用来唤起人们对森林、大海、沙漠等景观的联想，使人同样收获到自然的气息和绿色的心情。

图 3-127~ 图 3-132 中所示的 A Cantina 餐厅通过对自然界中树型、树枝的仿造，仅用一种木条以犬牙交错的方式组合起来，在有限的空间中搭建起一个简易却纯粹的“森林”空间。该项目位于西班牙圣地亚哥德孔波斯特拉，面积为 277m^2，曾获 2012 年度国际餐厅和酒吧设计大奖。

整个树形经过现代手法的概括，展现了设计师对自然的理解和提炼，利用层高的优势，巨大的树形构架分割出了两条就餐区域，这样的做法与丛林里树木纵深的感觉十分相似，给人以强烈的逻辑感受。

从图 3-129~ 图 3-132 中也可看到，设计师巧妙地将自然的不规则与人的理性规则相互融合，获得了一个简约而独特的就餐环境，虽然空间中没有任何绿色植物，但却也能让人感受到一种自然质朴的清新感受，和一种不断滋生出来，顽强向上生长的生命力。

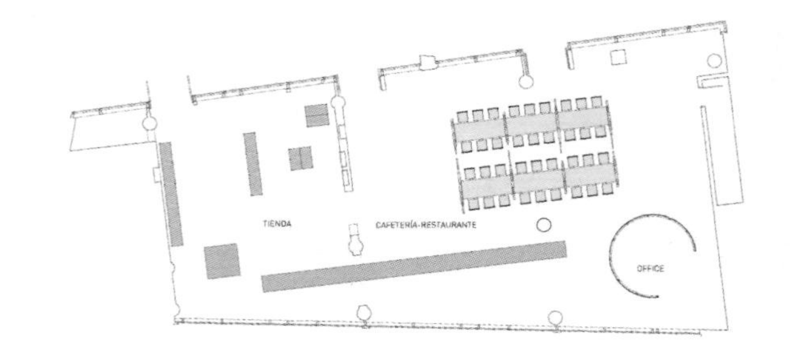

图 3-127~ 图 3-132
项目名称：A Cantina 餐厅
设计团队：建筑师艾斯迪欧　诺玛达（Estudio Nomada）
图 3-127、图 3-128　核心树形元素立面图及平面布局图
图 3-129~ 图 3-131　不同角度下的餐厅视觉效果

浅色原木，现代几何图形和色彩及仿生形态的餐桌组合，营造了一个清爽童趣的就餐环境

图 3-132　在自然主题下，与传统加利西亚民间艺术相融合的做法，让这里的“树”具有更多的意义

随着地球污染的严重，生态危机的加剧，保护自然环境变得刻不容缓，因此，如何可持续发展成为当前人们另一个重要的议题。

设计师除了为人们提供形式和氛围上的自然外，利用科学技术来保护自然，以尽可能减少对自然的破坏，降低空间等对自然的消耗，更是当代一个亟待不断探讨和实践的内容，而且关注生态设计不只是在餐饮空间设计中。

生态设计的核心是使建筑设计、室内设计成为生命系统与环境系统之间的纽带，合理地利用自然资源，充分发挥有利于自然的建筑效应，避免破坏生态的负效应。

生态设计大致包含四个核心内容。

（1）绿色环境设计。使建筑物的内外环境与林木、山水等自然景观充分联系，型号统一，创造出优美、清新的生存环境，使人与自然相和谐。

（2）自然化材料与技术的运用。例如使用一些仿自然形态的或有自然肌理的材料，或采用最传统的手工技艺，来破除现代机械造成的规则感和科技感。

（3）无污染设计。运用易溶解、无污染的建筑材料以及安全的建造方式，最大限度地减少和杜绝对自然和环境的污染与破坏。

（4）节能设计。运用各种技术手段（原生态的或高科技的），充分利用自然界的光能、热能、风能、雨水等可循环利用资源，使建筑在使用中尽可能地减少能源消耗。

说到当代生态建筑，不得不提到越南建筑设计师武重义（Vo Trong Nghia），他的许多餐饮建筑设计，

图 3-133~ 图 3-135
项目名称：wNw 酒吧
图 3-133~ 图 3-135　该酒吧位于一个洪水多发地，低成本和快速建造尤为重要。该建筑用当地最多的竹子构筑而成，具有良好的地方适应性。同时，屋顶上直径 1.5m 的圆孔可以释放出屋内的热空气，形成自然通风

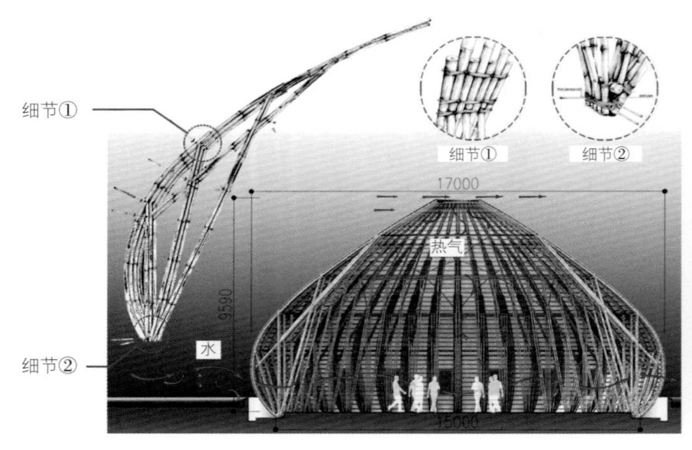

图 3-136~ 图 3-140
项目名称：wNw 咖啡馆
图 3-136~ 图 3-140
临水的设计为建筑又增添了一个层次，让人们可以边享受着凉风，边欣赏周边的美景

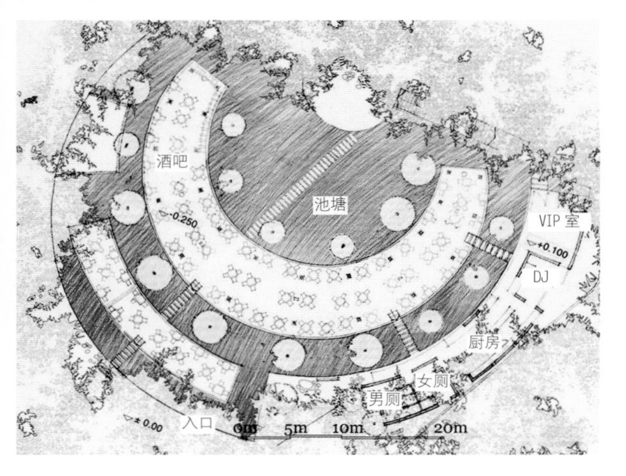

如 wNw 酒吧、wNw 咖啡馆、Bamboo Wing 餐厅、Kontum Indochine 咖啡厅等都是非常典型的生态建筑。

如图 3-136~ 图 3-140 所示的 wNw 咖啡馆，整个空间的造型结构、色彩等都与周边的自然环境相互和谐；在结构和选材上，设计师选择了越南最常见的竹子为材料，并以传统越南方法加以构造。还有，因为在建造之前曾详细地计算过建筑内部的空气流动、水体环境等情况，所以在实际使用过程中，该咖啡馆对空调等能源的消耗成本大大减少，起到环保作用。

坐在这里喝咖啡，人们可以一边近距离地接触自然，一边又保证了对周边自然环境的最低污染与破坏。

图 3-141~ 图 3-143
项目名称：Kontum Indochine 酒店咖啡厅
图 3-141~ 图 3-143　不同角度下的咖啡厅视觉效果

如图 3-141~ 图 3-143 中的 Kontum Indochine 咖啡厅，它位于越南 Kontum Indochine 酒店内。该咖啡厅的设计灵感来自越南的传统捕鱼用具——竹筐。整个建筑延续了武重义习惯采用的竹子为材料，将竹子全部捆扎成一把把“竹伞”的样子来充当建筑物的柱子，以支撑咖啡厅的屋顶，屋顶采用茅草和增强纤维材料编制而成，光线可以很容易地透过，洒入餐厅内，形成斑驳的光影效果。整个咖啡馆没有用外墙围合起来，用餐者可以与周围的水景亲密地接触，还可远眺对面的山色。整个餐厅连空调都没有设置，因为有了周围水池和树荫的作用，即使在最热的季节，这里也能变得凉爽舒适。这样一个美观又节能的生态建筑，不仅能让人充分享受生活，回归自然，还能不破坏人类赖以生存的自然环境，可谓一举多得。

再如，图 3-144~ 图 3-150 中所示的案例，梅德洛克艾姆斯品酒屋和亚历山峡谷酒吧也是生态餐饮设计的另一种思路。该改造项目可以说是一个保护自然栖息地，维护区域植物生态，充分利用当地水资源的生态景观园林建筑的范例，曾荣获 2013ASLA 通用设计荣誉奖。

该项目所处的是一个带有历史背景，现已弃用的 20 世纪 20 年代加油站，以及一块不透水的空地。通过设计师与客户的相互沟通，最终决定将整块区域划分成一个品酒屋、一个有机花园以及一个拥有有机酒厂和蔬菜农场的农场站三个组成部分。

考虑到当初接管该空间时所保证的环保承诺，设计师决定从景观建筑学中获得灵感，通过雨水的回收利用管理，让整个区域形成一个有机的整体，可以形成一条生物链，达到自我循环的境地。所以贯穿酒屋、花园、景观之间的雨水管理系统是该项目的核心。

图 3-144~ 图 3-150
项目名称：克艾姆斯品酒屋和亚历山峡谷酒吧（Medlock Ames Tasting Room and Alexander Valley Bar）
设计团队：Nelson Byrd Woltz Landscape Architects
图 3-144　从后院看到的品酒屋和露台，格子结构覆盖的露台区域和主庭院使品酒屋的内部空间扩展到外部景观中

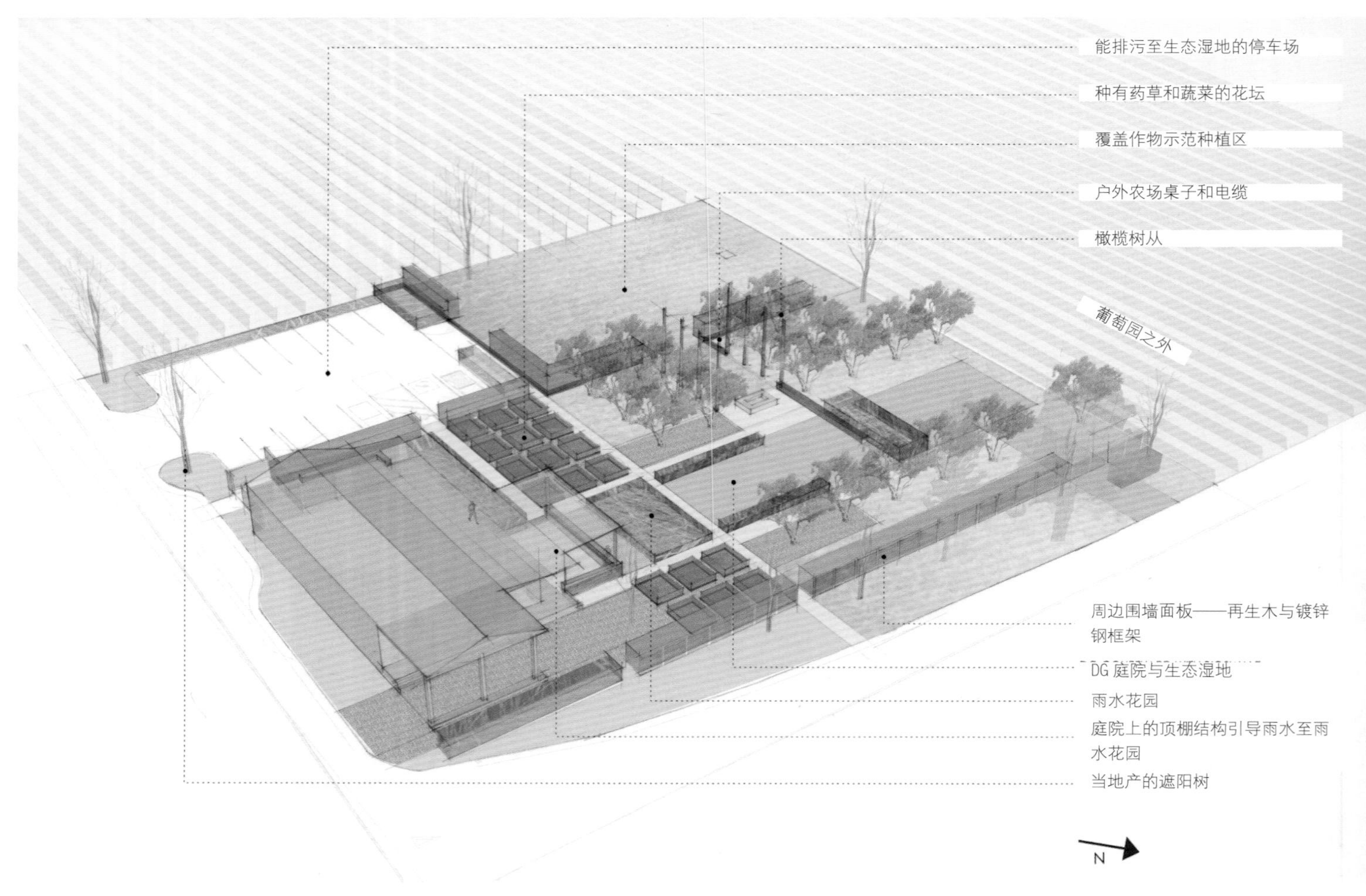

图 3-145　项目轴侧解说图

图 3-146　中央庭院，周边是生态湿地

图 3-147　橄榄林边的农桌和电线杆

图 3-148　晚上星光点点的农桌效果

首先，设计师精心筛选了本地区适宜本案的相关植物品种，例如葡萄、橄榄、香菜、蔬菜、荞麦、向日葵、石兰、橡树等，每种植物都被有机地划分在不同的区域，让它既可以与食客们亲密接触，为酒吧提供直接的食材原料，又可以形成不同层次的景观造型，随季节不断变化，展现出不同的风景面貌。

其次，在收集雨水和再利用的方面，考虑到当地可能出现的季节性暴雨时节，对此设计师尤为强调了排水问题的应对。雨水沿着植被洼地引入到一个雨水花园，这里正是品酒屋的中心位置。花园内种植的湿地植物能有效渗透和快速吸收积聚的雨水，使其到泄水台的时间放缓。屋顶上的雨水通过排水管道，一同进入雨水花园。地面采用透水性良好的碎石路，在补给地下水的同时，也弥补了该地区较弱的排水性能。

最后，在建材的使用上，设计师在现场考察时，也保留了部分原有材料，通过功能分区的要求对它们进行了重新安置，最终完成了一个融绿色生态于一身的创意酒庄。

图 3-149 香草和蔬菜花园里的坡度人行道，中间的钢制花盆留有渗水缝，方便排水
图 3-150 一张 9ft（约 2.7m）长的木质桌子，中间带有 12in（304.8mm）深的镀锌钢槽，其大小刚好可以置入葡萄酒瓶

四、全面设计

物质生活的富足，让人们的消费欲望不再满足于简单的购买行为，而更加热衷追求一种多维度的物质和精神体验。在这种趋势的带动下，一种突破领域界限的设计概念脱颖而出，那就是多方位设计。

多方位设计的设计概念是指将餐饮空间中的每个组成部分看做一个整体，跨越多个领域，对餐厅进行全面系统的设计。在 21 世纪，分工细是这一时代的特点，每个部门兼管的内容各不相关。在这个过分细分责任的时代里，有时也会让我们的工作和生活产生许多问题，导致费财费时又费力。例如我们常发现一条马路短时间内反复挖开、堵上又挖开，原因可能是前天自来水公司要埋水管，今天是煤气公司要维护管道。其实在餐饮空间设计中，也有这样的问题，一个完整的餐饮空间环境设计包括建筑设计、景观设计、室内设计（顶地墙、家具、灯具、照明、陈设、植物）、品牌形象设计（标识系统、宣传单、菜单、餐具）、美食设计（摆盘、风味、用餐方式）、管理方式和服务方式等方方面面，且这么多方面又都归不同的公司和职能部门。但如果在餐厅经营定位之时，便由各方面的专家设计师和经营者相互讨论，从整体出发，全方位考虑，选择最能突显酒店特色和经营理念的方案，能有助于餐厅日后经营时更好地使用。好的餐厅规划方案可以做到 1+1 大于或远大于 2 的效果，使餐厅在众多竞争对手中迅速脱颖而出，吸引众多消费者的青睐。

例如图 3-151～图 3-157 所示的哥本哈根 H　st 餐厅，该空间由专业建筑事务所和品牌公司共同设计而成。从图中可以看到，在自然主题的背景下，以传统

图 3-151～图 3-157
项目名称：哥本哈根 H　st 餐厅
设计团队：Norm Architects 事务所和 MENU 品牌设计公司
图 3-151、图 3-152　在这个空间中，每个角度拍摄下的餐厅都像一幅画一样，描绘着设计师心中的新北欧农庄印象

斯堪的纳维亚风格中融合乡村和现代风格为特色。餐厅中几乎各个元素和细节都是定制而成的。例如在室内空间方面，吧台是用回收再处理的大块木料制作的；架子是用大量旧木板重新组合的；空间中带有工业设计感的黑漆吊灯及窗户也是经过调整的；还有墙上和架子上那些清新脱俗的陈设品，以及各种绿色植物盆栽的摆放，也都是设计师精心选择、小心搭配的。在餐具和餐厅整体形象设计方面，食客用的盘子、杯子、酒瓶、包装等都紧紧围绕同一主题进行了设计，显得朴素而又富有年代气息。

设计师通过从室内氛围、就餐用具、餐厅品牌形象等多方位的设计为食客营造了一个自然幽静的城市农家餐厅，提供了一种融传统艺术和文化于一体的低调而奢华就餐环境。

该空间设计也是获得了 2013 年度国际餐厅和酒吧设计（Restaurant & Bar Design Awards）大奖。

图 3-153　整个餐厅好像是件艺术品一样，只有慢慢去解读和品味才能获得多样的领悟

图 3-154~ 图 3-157　餐厅中的各个细节设计，例如那素雅的彩色陶瓷碗盘设计，给人以高格调的品质感

不同的项目，根据项目要求差异，最终得出的设计结果不同。比如图 3-158~ 图 3-163 所示的鱼莲山鱼文化主题餐厅，餐厅共占地 400m^2，以鱼为主题。

这样平凡的餐厅主题在餐饮业里，若不简单明了地点明本餐厅的独特之处，在纷扰的商业环境里是很难让人记住和难忘的。为此设计师从餐厅主题中提炼出一个具有标识性和原创性的元素符号，将其融入到餐厅中的各个部分，从餐厅入口开始，一直到室内空间氛围、功能布局、家具、灯具、餐具、品牌标识、配饰等都一脉相承、创新定制而成。

如图所示，一个抽象了的鱼形图案贯穿于整个餐厅空间，餐厅入口外墙上、室内灯具上、屏风装饰上、餐具上都出现了这一元素，这一图形是设计师从中国民俗文化元素木鱼与鱼馒头中获得的，为满足中国新的美学发展需求又进行了现代化的改良。通过该形象不断地反复和变化，使餐厅的品牌形象强而有力。另外空间中仅使用了三种材料：水泥、竹和钢，在通过使用位置和使用方式的改变后既纯粹又变化丰富。

相比第一个案例，这样以一个元素符号为主，不断在各个方面进行演变的做法在如今“快餐文化”的时代背景下，这样设计的空间信息少，表达的主题纯粹，更方便食客留下深刻的印象，有助于品牌的建设。

图 3-158~ 图 3-163
项目名称：鱼莲山鱼文化主题餐厅（Fish Lotus Theme Restaurant）
设计团队：广州本土设计事务所
图 3-158~ 图 3-161　贯穿室内外的纯手动定制鱼形造型

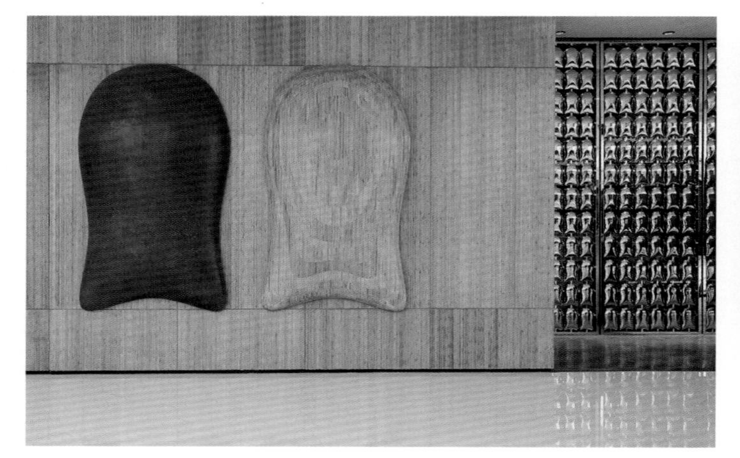

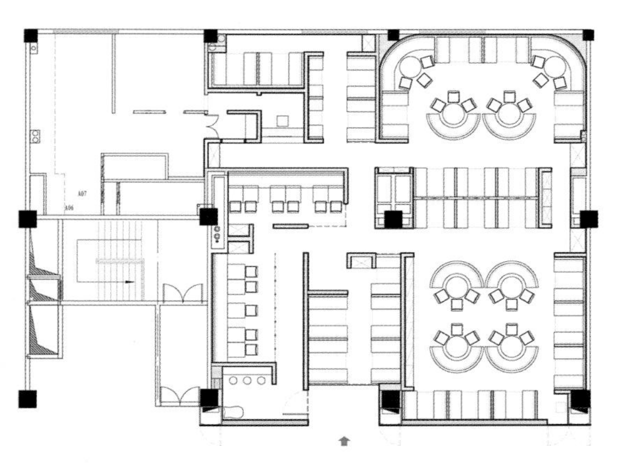

再来看看 Nozomi Sushi Bar 空间设计，该餐厅由 Masquespacio 创意咨询公司设计，是一家日本寿司料理店。整个餐厅从室内设计、照明设计、餐具设计、标识设计、菜单设计等方面进行了全套规划。此设计一出就有学者调侃道：“现在寿司店都请设计师全面设计啦！”可见在注重品牌营销和体验经济时代下，多方位设计在餐饮空间中是多么重要。

该餐厅以展现传统日本文化和美食精髓为主，营造了一个位于日式街道旁樱花树下的寿司店，从进入餐厅的那一刻起，古典而现代的日式风情就一直影响着食客。

图 3-164~ 图 3-169
项目名称：Nozomi Sushi Bar
设计团队：Masquespacio 西班牙创意顾问公司，由 José Miguel Herrera and Nuria Morell 设计
图 3-164　餐厅平面布局图
图 3-165　餐厅的入口设计

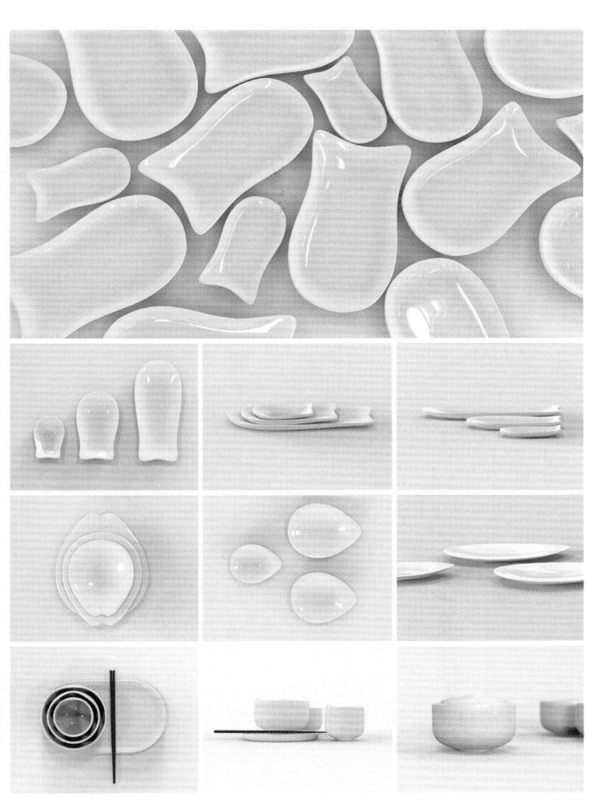

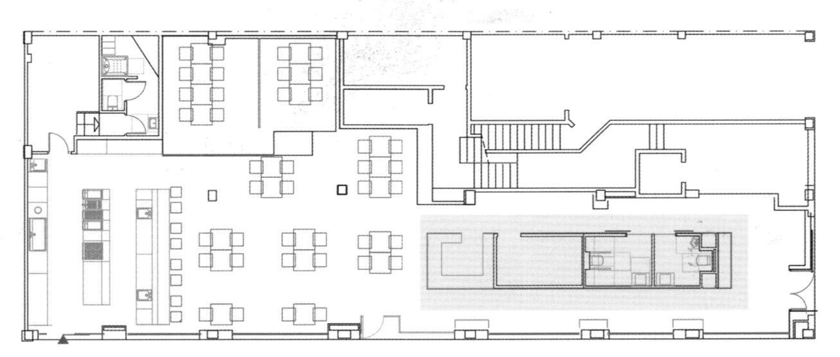

图 3-162　餐厅平面布局图
图 3-163　餐厅使用的餐具，其中鱼形餐具起到了点题的作用

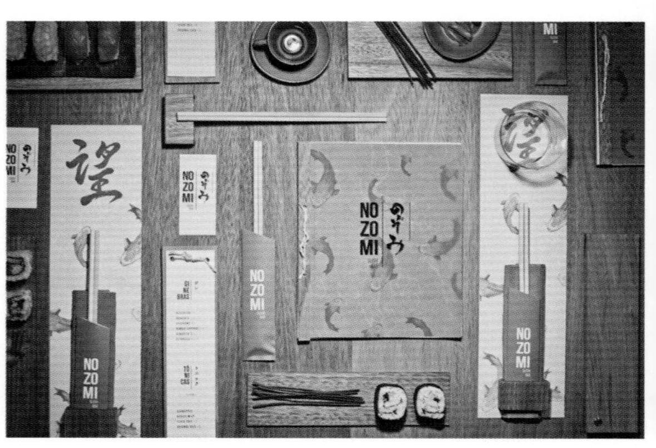

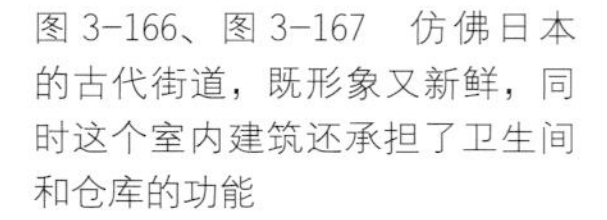

图 3-166、图 3-167　仿佛日本的古代街道，既形象又新鲜，同时这个室内建筑还承担了卫生间和仓库的功能

图 3-168　空间顶部的折纸樱花艺术品，容易让人产生坐在樱花树庭院的错觉感
图 3-169　餐厅的品牌形象设计

除了建筑、室内和品牌设计外，与众不同的服务方式也会给消费者增加更多趣味性和体验性。例如图3-170~图3-177所示，位于波兰波兹南的Minister咖啡馆设计。

该餐厅的服务方式就如它的名字——部长咖啡馆一样。在这里，每位客人都可以成为这家咖啡店的部长，进行送餐、制作等服务工作。来到这里的客人可以像在自家开的咖啡馆用餐一样，在尽情享受美食的同时，还能感受一份烹饪美食、调制咖啡和服务他人的乐趣。

新设计的品牌形象和室内空间结合时代审美及餐厅的特殊服务方式，以咖啡馆部长顶上的黑色帽子为元素，融入咖啡馆的标识、宣传广告和墙面装饰之中，运用复古的字体和背景图片，来增加餐厅背后的故事性和历史感。室内空间以黑白和木色为主，明亮的柠檬黄做点缀，拥有现代意式家具美感的桌椅沙发设计，共同形成了一个轻松有活力的室内氛围。

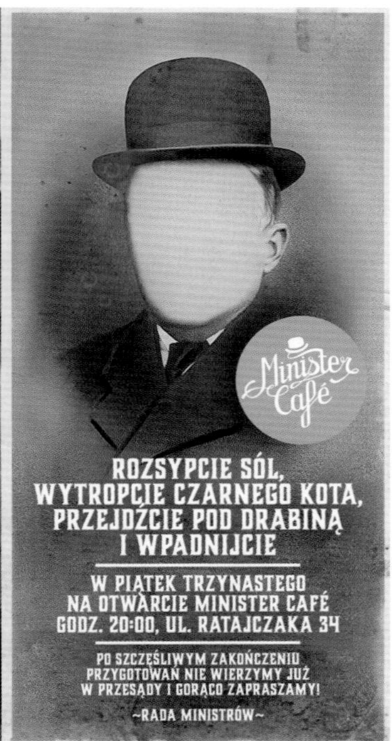

图3-170~图3-177
项目名称：Minister Café
图3-170、图3-171　咖啡馆品牌形象设计
图3-172~图3-174　咖啡馆室内空间效果

图 3-175~ 图 3-177　这些是不同食客留下的倩影，他们都在顾客和咖啡厅部长的身份之间，获得了独一无二的就餐体验

图 3-178　弗洁伦（Marije Vogelzang）与她设计的白色系食物

一般菜品的设计都是由餐厅大厨来决定，设计师只是了解餐厅提供的是什么菜系，菜系背后是哪国文化，或哪几个地域文化，通常不会干涉菜品的食材、上菜模式，或就餐方式等。可是就是有些设计师不惧不同专业领域之间的界限，将菜品和就餐方式等一并设计，给人们带去具有创新性的另类就餐体验。

如图 3-178~ 图 3-187 中所示的各种创新菜品和奇特就餐方式，都是出自一位荷兰设计师——弗洁伦（Marije Vogelzang）之手。

对待食物，弗洁伦有着自己独特的见解。她自称是一位饮食设计师（eating designer），而非单纯的食物设计师（food designer），她认为很多食物设计师在制作食物时只考虑它们的形状造型，而她的目标则是着眼于食物背后的内容和含义，形状造型只是帮助讲述故事的工具。她希望通过食物的设计，来描述食物是怎样影响历史，影响人类演化、战争动乱或国土疆界变更等。经过 10 年的食物项目设计经验累积，弗洁伦总结出了一些饮食设计哲理，其中包含了 8 个可以给人带来灵感的观点，它们分别是感觉、自然、文化、社会、技术、心理、科学、行动。

弗洁伦原来工业设计专业出身，但她认为没有什么材料可以像食物一样与人们如此亲密，而且没有什么产品可以永远存在，而食物在制作出之后会被人吃掉，虽然时间短暂，但是却可以被人全部接受。因此在毕业后，她把在学校学到的设计技巧和哲学，转化成一整套对食物的体验，开发了多种菜品，不断摸索着人与食之间的关联。图 3-179~ 图 3-181 是她在 2005 年进行的一个著名餐桌试验，每位食客在就餐时都只拿到了半盘食物，这迫使食客们不得不与其他食客相互交换，以获得一份完整的餐食。借由人们之间的食物传递，引发人与人之间的情感交流，她的其他案例也都带有此类教育式体验意义。

在这里，我们可以对于是否要对菜品进行这样的设计持保留意见，但弗洁伦的这种做法即是在追寻一种全方位的就餐体验，且是高于物质需求的精神连接。当然除了菜品、就餐及服务方式外，她也亲自设计就餐空间、餐具、景观等，所有与消费者就餐感受相关的内容都围绕着一个核心概念展开设计，在这种极端的设计方式下，她开设的两家 Proof 餐厅为更多人带去不一样的生活感悟和印象深刻的用餐经历。

图 3-179~ 图 3-181　2005 年，Sharing Dinner 项目
图 3-182~ 图 3-184　2010 年，Bits and Bytes 项目
图 3-185~ 图 3-187　2013 年，Eat Love budapest 项目

五、艺术创想

这些年，随着年轻一代人逐渐步入社会，在休息时间外出就餐成了许多疲惫的新一代都市人缓解快节奏生活的又一种放松休闲方式。更多年轻消费者在外就餐不只要求要满足口腹之欲，同时还需要一种基于创新思维上的精神满足。因此，餐饮空间设计变得极为重要，过于普通的空间设计显然不能满足人们的需要，更多消费者渴望的是一个充满个性、富有奇思妙想的餐饮空间。

在这类餐饮空间设计中，设计师更注重从餐厅的定位入手，将艺术气息融入到环境之中，或营造出一种如艺术作品般，拥有高度美感及精神内涵的空间，或是选择一个卓尔不群的创意设计概念，尤其是那些妙趣横生、令人意想不到的设计方式。就如阿兰德波顿曾在《幸福的建筑》中写到的那样，人们会选择自己喜欢的建筑，就如同交朋友一样，而有幽默感的人往往能吸引许多人的好感。

要想让消费者能得到艺术熏陶，最直接的做法是以艺术作品为重要表达元素。原创艺术作品本身的唯一性常能为消费者带去一个独一无二的环境体验。艺术作品可包括绘画、雕塑、装置艺术、音乐等多种形式内容。适当利用这些源于生活又高于生活的艺术作品，能有助于餐饮环境变得更加丰富多彩。

例如图 3-188~ 图 3-193 所示的 63 Oxwell 餐厅，室内装饰有超现实主义色彩的艺术绘画作品和立体标本均由设计师精心挑选和制作而成，搭配与之协调的空间色调，让人们直接通过欣赏这些诙谐幽默的艺术作品来获得就餐时的精神愉悦。

图 3-188~ 图 3-193
项目名称：63 Oxwell 餐厅
设计团队：The Stripe Collective
图 3-188　餐厅建筑外立面
图 3-189　墙面上装饰有藏青蓝色的传统英国镶板，搭配复古咖啡色沙发、电话和茶几，在墙上超现实主义的艺术作品烘托下，显得另类乖张

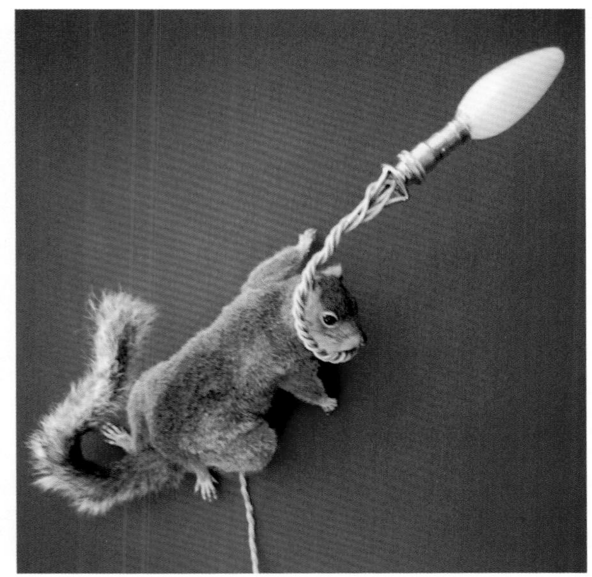

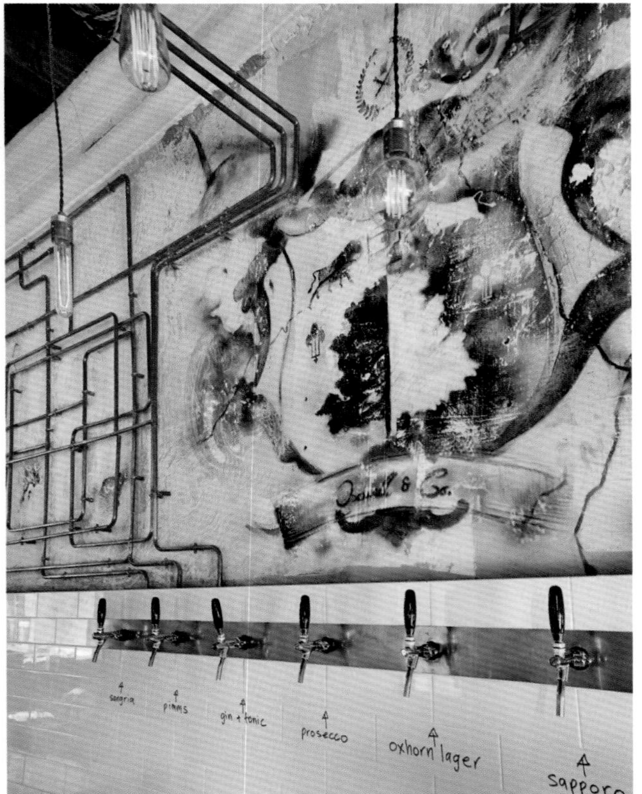

图 3-190、图 3-191　墙上的经典达利画作和写实的松鼠造型灯具都显得古怪、离奇

图 3-192、图 3-193　悬空在古董电线上的数百个钨丝灯泡，将餐厅亦古亦今的整体感觉得到进一步地发展

又如图 3-194~ 图 3-202 中的 Sal Curioso 餐厅，这是位于我国香港中环的一家西班牙餐厅，由克里斯·伍德亚德（Chris Woodyard）和布朗温·张（Bronwyn Cheung）夫妻开设。在这里，顾客可以品尝到新鲜和种类丰富的各路美食，比如有一些不那么熟悉的创新口味，或源自巴西、阿根廷和西班牙等多国的特色创意料理，可以说是美食爱好者的终极去处。

在设计这家餐厅时，设计师从夫妇俩早期在湾仔开设的 Madam Sixty Ate 餐厅中寻找到了灵感和联系。设计师将整个餐厅设想成是一位天才型男性——Sal Curioso 的美食工作室，里面展示着他的各种专利、组装机器等。他热爱西班牙文化，拥有高智商、喜爱旅行和发明。同时他还会用各种神奇装置为 Sixty Ate 女士制作和烹饪各种新奇食物。菜单就是他记录下的装置使用技巧，配以各式图解进行说明，他的其他设计手稿和相应图表也被融入到整个餐厅之中，各种古怪的如把时钟放上身的鸭子 Duck Bobber、不生蛋只生牛油果的鸡 Guacaloco、在各种化学试瓶中的动物等手稿，时而出现在墙面上，时而出现在菜单上，或和车轮、古老木箱装置在一起，共同化作餐厅的一大特色，给人留下深刻的印象。

Sal Curioso 餐厅依据设计师幻想出的美食发明家兼旅行家 Sal Curioso 的个性、思想、生活等展开而来，以旅行为主题。从入口开始，空间中汇集了各不同时代和地域的经典之物，20 世纪 50 年代的餐椅、60 年代的矮软凳、70 年代的老旧灯具，让消费者们沿着设计师设计的旅途一路前行，各式创意无限的插画人物排列在墙上，一边忙着自己的活，一边欢迎着远道而来的宾客们。水泥的大量使用及沉稳木色中点缀的那一抹橄榄绿，都暗指了旅程中的风尘仆仆。通过这样一个故事主题的设定以及原创涂鸦艺术画作的组合，最终为当地食客们呈现出了一个别致迷人的美食之旅。

图 3-194~ 图 3-202
项目名称：Sal Curioso 餐厅
设计团队：Stefano Tordiglione Design 工作室
图 3-194~ 图 3-199　融于餐厅中的各种定制手绘图案

有的与装置结合，点缀墙面；有的运用在菜单或宣传册中，让点单也变成一种享受

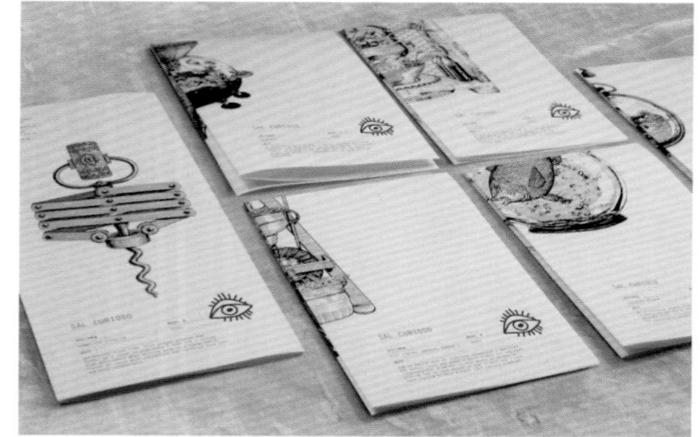

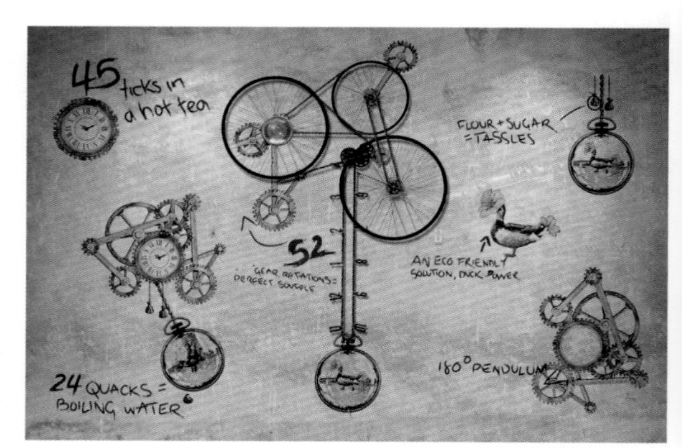

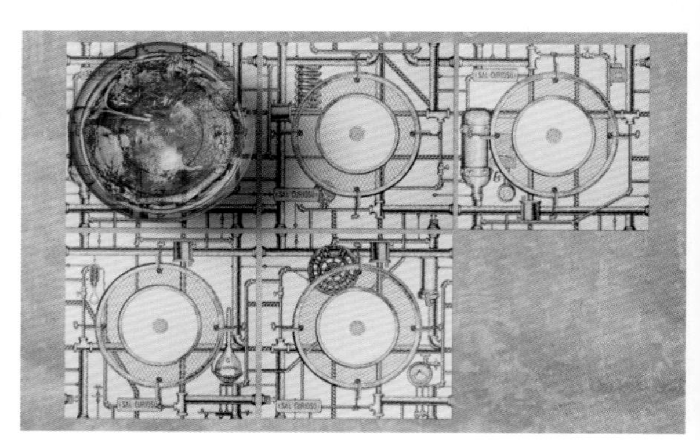

图 3-200 带有工业气息的室内空间效果

餐厅中大量混凝土的运用，给人一种粗狂随性之感

图 3-201 局部陈设细节与墙绘效果

墙上手绘部分体现了餐厅对食物用料的筛选与加工，随时向食客传递着该餐厅的特色之处

图 3-202 餐厅吧台区设计

使用西班牙传统彩色瓷砖装饰的吧台，富有异国情调，贯彻了餐厅解构和重组概念

上述两个案例中，艺术作品和餐厅室内空间的关系还不算非常关联，多以常规艺术作品的方式呈现。图3-203~图3-205中所示的芬兰Logomo咖啡厅则大胆地将二维艺术与三维空间进行了紧密结合。

该咖啡厅的设计师托比亚斯·雷贝格（Tobias Rehberger）是德国著名艺术家，横跨多个领域，无所不通。从图中可看到，空间界面、灯具、家具等化作了一张白纸，在托比亚斯的画笔下，形成了一幅错综复杂，富有张力与动感的抽象绘画作品，黑白的经典搭配，图形中不安分的律动线条，从地面一直衍生到顶面，包围着空间的角角落落。他通过形式美法则中的重复手法，制造出了一个纯粹的餐饮空间。在这样的空间中，好像人们可以更放松地品着咖啡，相互讨论，或争辩着各自对生活和对艺术的理解。

托比亚斯的其他作品，如图3-206所示的2009年第53国际艺术展览上的自助餐厅设计，也保持了这样的设计语言，成为他改造旧空间，实践空间艺术审美的又一案例。

图3-203~图3-205
项目名称：Logomo 咖啡厅
设计师：Tobias Rehberger
图3-203、图3-204 绵延不断的交错线条，展现了一个不确定的疯狂世界，形成强烈的视觉冲击

图 3-205　从高视角位置拍摄的Logomo咖啡厅，显然是一幅隐藏有咖啡厅功能的艺术作品

图 3-206　Venice Biennial餐厅设计

作为一个临时向公众免费开放的自助餐厅，整个餐厅以黑白为主调，室内所有家具都被裹上了托比亚斯的艺术符号，显得如梦如幻

图 3-207~ 图 3-211
项目名称：What happens when
设计团队：由 Metrics Design Group 的室内设计师 Elle Kunnos De Voss 设计而成
图 3-207　情人节当天的餐厅主题，一点点渐变开的橙色、粉色、紫色三角形吊旗密密麻麻地挂满了天花，整个空间充满了浪漫和甜蜜气息

我们脑海中的餐饮空间总是在建设之初就被确定了，若是要有所改变至少也要几年之后。可是从消费心理来看，人们是喜欢尝新，喜欢变化的，尤其对待餐饮空间时，不仅需要菜品有所变化，空间环境最好也能常常更新。然而这一点并不容易做到，所以当有餐厅能适时地对餐饮空间的方方面面进行一些变化，无疑是能吸引众多消费者目光和为之付以行动的。

如图 3-207~ 图 3-211 所示的餐厅就采用频繁变化的做法，使它在开业的那段时间里收获了大量的客流量。这是一家临时餐厅，位于美国纽约，名为 What happens when（当时发生了什么）。这个餐厅以“每 30 天变换一次”为室内主题，除了界面硬装、餐桌餐椅之外的其他所有能影响就餐体验的因素，如照明、背景音乐、食物、餐厅品牌标识等都根据特定主题，每月变换一次，而每次主题的更换只需一个晚上。

考虑到每周都要变化，首先设计师选择将空间中的三大界面全部漆成黑色，就餐桌椅选为白色，这样无色系的主色设计最大限度地保证空间以后主题变化的可能性。然后在空间顶部，设计师预制了许多挂钩和可变换位置的吊灯以方便日后主题设计的需要。

在变化主题时，设计师始终关注空间的色彩倾向、造型和照明方式，选择一两个核心元素，反复变化使用，让空间在低成本和快改造的情况下，也能保证品质和鲜明的空间主题。

试想，当人们在这样一个主题明确的空间中，品尝着与之相契合的精致菜品，听着与自己同心境的背景音乐，感念着设计师源源不断的奇思妙想，这样的就餐瞬间一定是令人难忘的。

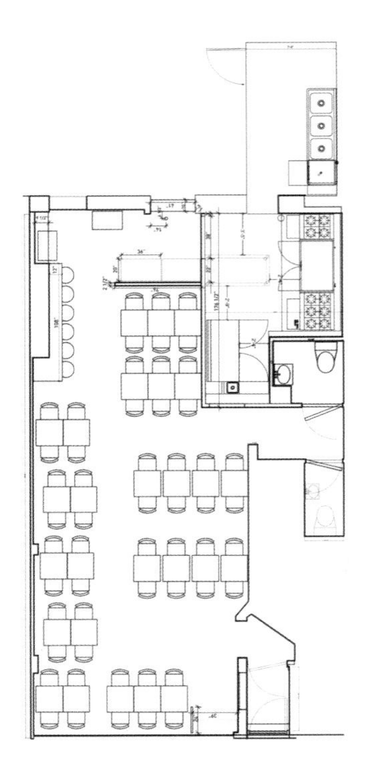

图 3-208　天花悬挂的可爱屋顶框架及白色楼梯等，展现了一个奇幻小屋的创想主题

图 3-209　餐厅的平面布局图

图 3-210　餐厅以抽象几何图形为装饰，结合顶部的橙色线条，点线面关系融洽，空间富有动感和趣味性

图 3-211　整个空间以一个个300mm×300mm的大纸板为元素，上面镂空着具有地域代表性的图案，以传达出“丝绸之路”的创意空间主题。通过变化纸板上的色彩、图案及其组合数量，使空间形式更为丰富

图 3-212~ 图 3-219
项目名称：Hueso 餐厅
设计团队：Cadena+Asociados
图 3-212 建筑外立面，手工制作的陶瓷瓷砖上的图案来源于针线和缝纫痕，不知为何总会让人联想到布偶僵尸
图 3-213 餐厅内部全部被刷上了奶白色，在光影的作用下，显示出凹凸有致的肌理效果，暖木色的家具减少了空间的冰冷感，好似教堂里的光一样温暖人心
图 3-214~ 图 3-216 餐厅中的其他小细节设计

又如图 3-212~ 图 3-219 所示的墨西哥境内一家白骨餐厅——Hueso 餐厅。该项目选址在一个建于 20 世纪 40 年代的旧建筑物中，设计师希望通过翻新改造，蜕变成有当代气息的前卫餐饮空间。

空间的主题与其店名一样，以骨头为主，处处挂满了动物骨头和植物标本。例如餐厅的入口大厅处，装饰有大约 1000 个铸铅骨骸，有的被制作成浮雕作品，直接挂于墙面上，有的则和一些方盒组合在一起，有的被藏于架子之中，反正放眼望去到处是一个个骨骸。好在它们都被统一刷上了奶白色，无论多么残缺的造型都被柔化在白净的空间之中，大大减小了骨骸本身所隐含的死亡、忧伤、消失的内涵，显得安详而平静。

用大量骨头标本装饰的 Hueso 餐厅，在给人惊艳四座的第一感受后，渐渐留下的是一种反思，既有对自然、对生命的悸动，也使人燃起克服生活困难的熊熊斗志，积极面对，珍惜现在。

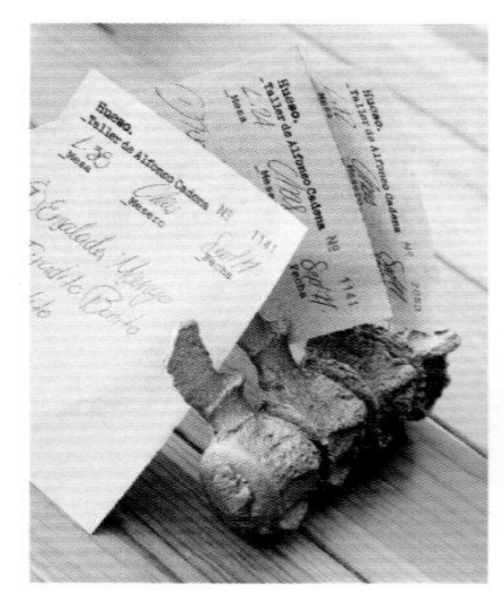

图 3-217~ 图 3-219

白净的空间设计，犹如在对什么致敬一般，显出不同于普通商业餐厅中的寂静之感

一个有新意的创想有时候很难，可有时候稍微换个角度思考，解放传统思维模式，就可能会产生出意想不到的效果。

例如图 3-220~ 图 3-224 所示的案例，是当代餐饮空间设计中非常经典的幼儿咖啡馆设计，位于日本东京。该咖啡馆主要针对的是带有 7 岁以下儿童的家庭。

本案中，设计师一改往日从大人角度出发的模式，改从儿童的视角来看待世界万物。在孩子们眼中，以桌子为例，成年人平日看到的可能是桌面，而孩子因为高度不够，其视野中可能看到的只是一个个桌脚，幼儿就像是小人国里的小矮人，成年人是巨人国里的巨人，对幼儿来说，细细的桌脚可能变成了一根粗壮的柱子，方正的桌面底部是上面屋顶。

基于这样的理解模式，设计师在空间中放入了几个突破人体尺度的巨型沙发，这些沙发不是用来坐着的，它主要是孩子们的游乐场和父母为孩子更换尿布的地方。墙面上开出的窗口和门洞，时而尺度正常，时而又非常小，只适合于孩子们。清新的色彩搭配让空间如童话般唯美，这样一个兼具使用和设计感的咖啡馆又怎能让人不爱呢?

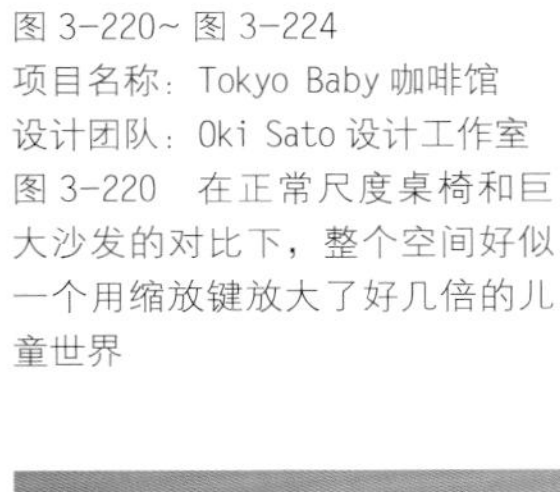

图 3-220~ 图 3-224
项目名称：Tokyo Baby 咖啡馆
设计团队：Oki Sato 设计工作室
图 3-220　在正常尺度桌椅和巨大沙发的对比下，整个空间好似一个用缩放键放大了好几倍的儿童世界

图 3-221　楼梯走道区
图 3-222　一个小男孩正紧靠着门站立，他那天真无邪和充满好奇的眼神瞬间萌化了大人的心，像是从门后不小心来到人间的精灵，十分可爱

图 3-223　餐厅中央的巨大沙发是咖啡馆中的视觉焦点，最多可同时容纳十几个孩子一同玩耍
图 3-224　两个大沙发是家长为孩子更换尿布的公共区域

虽然这个餐厅没有很抢眼的视觉冲击力，但设计师这种看世界的方式，这种创新的思维模式都堪称绝妙，让孩子们在这样的创想空间中成长，想必是众多家长们的共同期望。

第四章

玩味“食材”道空间

我们观看世界的视角与感受世界的方法可能有千万种，只要能够下意识地将这些角度和感受方法运用到日常生活中，就是设计。

—— 原研哉

在了解了当代餐饮空间设计中的几大设计思潮、理念后，当代餐饮空间中丰富的体验还离不开设计师对空间设计要素的把握，在这些富有新意和满足心理及需求的设计理念背后，都需要依托空间中的顶地墙界面、室内家具、灯具、陈设、植物等多种多样元素的设计，才能为食客提供绝佳的包括视觉、嗅觉、触感等在内的多感官享受。

根据室内空间设计的几大要素，本章从形、色、材、光四个方面来细品当代餐饮空间设计在设计元素运用上的特点。

图 4-1~ 图 4-3　原研哉的“面出熏与火柴”作品

一、形式之势

图 4-4
项目名称：SAKENOHANA 餐厅
设 计 团 队：Kengo Kuma & Associates
图 4-4 简洁的木构形式既传神地表达了餐厅主题，又符合经营者提出不要华而不实的设计要求

形式是设计领域非常重要的设计元素之一，犹如建筑物中的结构骨架，合适的形式能有助于空间主题的表达，纵观历史，虽然前有功能主义、形式主义等对立的设计理念，但在 21 世纪，对于形式的创新仍然是众多设计师所津津乐道的。

人们可采取的形式是多样的，有圆的、方的、多边形的、弧形的、直角形的、规则的、不规则的等，尤其是随着 3D 打印等技术的推陈出新，对于形式要素的设计，在撇开其他外因的情况下，当真是只有想不到的，没有做不到的。

当代餐饮空间设计对于形式既不排斥也不盲目滥用，以适可而止地表达出符合餐饮品牌价值定位和经营理念的形式为主流思想，讲究形式与内容的高度统一。

关于空间形式如何设计，除了要满足功能性外，还要保证美观性、叙事性、创新性。美观性即是要遵循基本的形式美法则，营造一个有整体性、韵律感和节奏性的空间；叙事性即是能准确表达出餐饮空间的主题，并且简单明了，能引发人们产生共鸣和联想；创新性即是在准确表达的同时，还要设计师通过采用对比、切割、重组、排列等各种手段，来创造出新的形式语言，给人以新的视觉效果、感官享受和精神内涵。

在众多形式语言中，以传统形式为雏形，根据具体项目，以时代和地域的审美需要来进行形式再创造的做法是当代餐饮空间形式设计中的一大特点。

例如图 4-4 中一家位于伦敦的日本料理，名为 SAKENOHANA 餐厅，它以“室内森林”为主题。为此，设计师希望可以在展现日式本土特色文化和美学观的同时，也能提供该城市的人们一个如自然森林般壮美和清新的就餐环境。

从图中可以看到，空间中的核心形式是那一根根的木柱结构。该形式以传统的日式建筑柱头造型为基础，借鉴森林树木的形式，将柱头顶部结构两两相连，并一直延展至覆盖整个餐厅天花板，通过交错地排列，宛如一棵棵参天大树，给人以新的视觉享受，搭配日式榻榻米坐席，空间氛围清新自然、现代简约。

又如图 4-5~ 图 4-12 中的 Happy Panda 餐厅，其连绵弯曲的天花板形式是由中国古建筑的外轮廓抽象而成的，在与墙面上红色的清明上河图、中式波纹等元素结合后，空间显得亦中亦西，虽说餐厅的设计中少了些中式的韵味，但这种提取形式的方法仍是值得借鉴的。

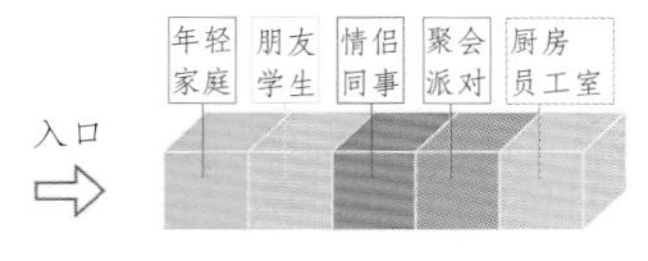

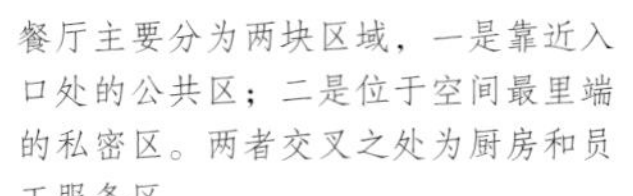

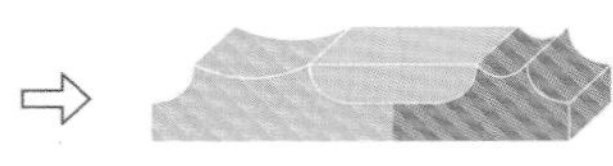

厄瓜多尔大部分的餐厅投资者喜欢餐厅拥有一个分区清晰的功能布局。

餐厅主要分为两块区域，一是靠近入口处的公共区；二是位于空间最里端的私密区。两者交叉之处为厨房和员工服务区。

连绵的屋顶将公共区与私密区巧妙地连接在一起，中端的厨房和员工服务区则被放于夹层中，以使餐厅的消费面积最大化。

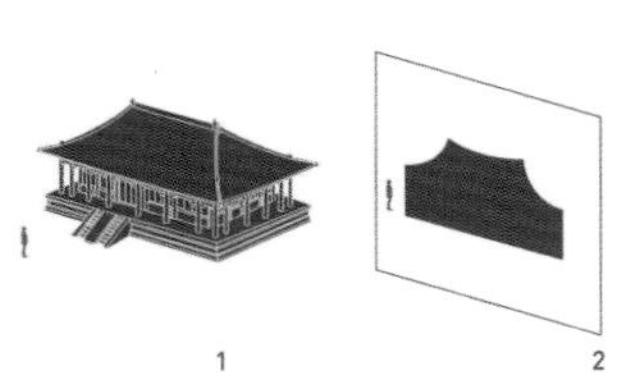

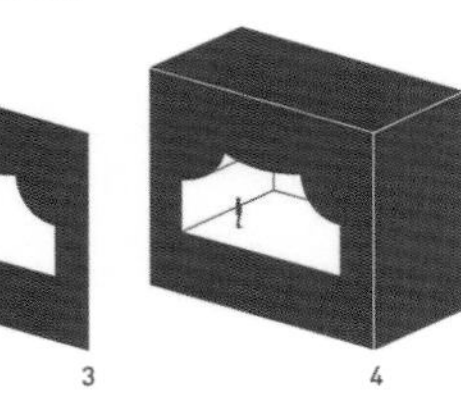

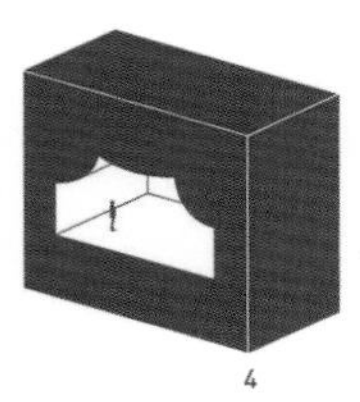

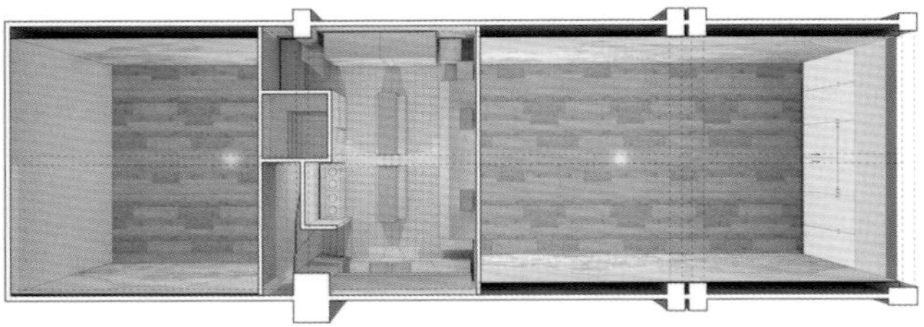

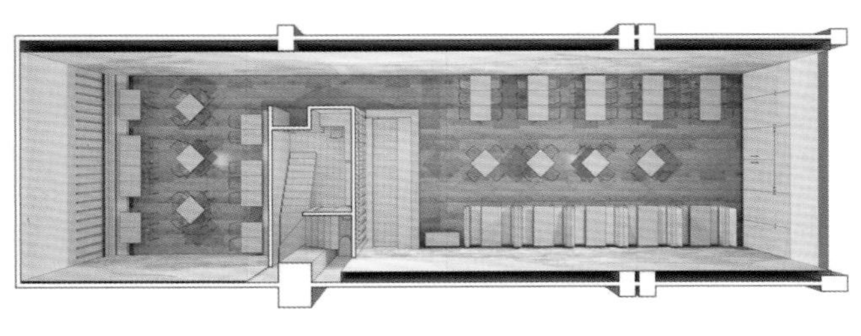

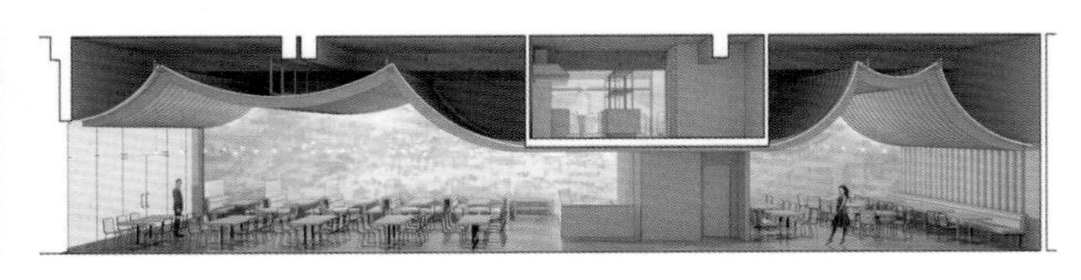

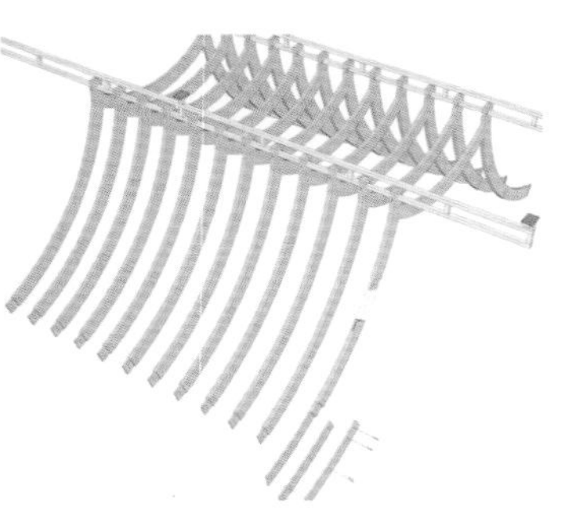

图 4-5~ 图 4-12
项目名称：Happy Panda 餐厅
设计团队：Hou de Sousa
图 4-5　吊顶设计理念分析图
图 4-6~ 图 4-9　餐厅一二层剖面图及立剖图
图 4-10~ 图 4-12　餐厅入口及室内效果，屋顶造型结构关系详图

波浪形的天花板又好似中国宫殿中的层层纱幔，在暖光的渲染下，显得富丽、温馨

人们对形式的理解在解构主义之后，也就是大约在20世纪60~70年代，才有了更为理性的认识。当时，西方人文反思的核心就是针对人类语言体系自身的不稳定性特征，对形式与功能的逻辑关系以及符号与意义传达的必然性提出了极大的挑战。它要消解的是一种人们强加在形式与意义之间的对应关系，强调设计中更多元化的解决策略。故在当代餐饮空间的形式设计中，追求形式的突破与创新也成了设计师们不断努力的方向。

如图4-13~图4-17的Kinoya餐厅设计，就在形式的创新上充分挖掘了直线形几何形式与本案之间的联系，为当地人送上了一份视觉和味蕾的饕餮盛宴。

该餐厅位于加拿大蒙特利尔，是一家传统的日式居酒屋。设计师让·莱萨德（Jean de Lessard）结合当地居民的使用和审美需求，在传统日式居酒屋的设计美学、功能和精神基础上，将整个空间设计成一个类似于钻石切割面一样的直线扭曲几何形式，来打破现代四方的空间结构，并赋予空间一种现代工业气息。在这种不规则的空间形式之上，设计师运用从当地仓库中回收来的斑驳旧木板，全部以不同方向和角度斜拼的方式进行拼铺，像是一个有棱有角的珠光宝盒，显得粗犷而有力量感。在黄色暖光的照射下，散发着光怪离奇的奇幻效果，简约又时尚。

在这里，设计师通过简明单一的形式语言，疏密有致的构成安排，将日式谨慎规则的传统文化与西方的娱乐自由融合在一起，形成了一个奔放随性与约束理性兼备的，有着自然粗犷魅力的休闲日式小酒馆。

图4-13~图4-17
项目名称：Kinoya餐厅
设计师：Jean De Lessard
图4-13 从餐厅入口望去的效果
随处可见的日本风格涂鸦与装饰，柔和的点光照明与蜿蜒的空间造型共同营造了一个惬意的酒馆氛围

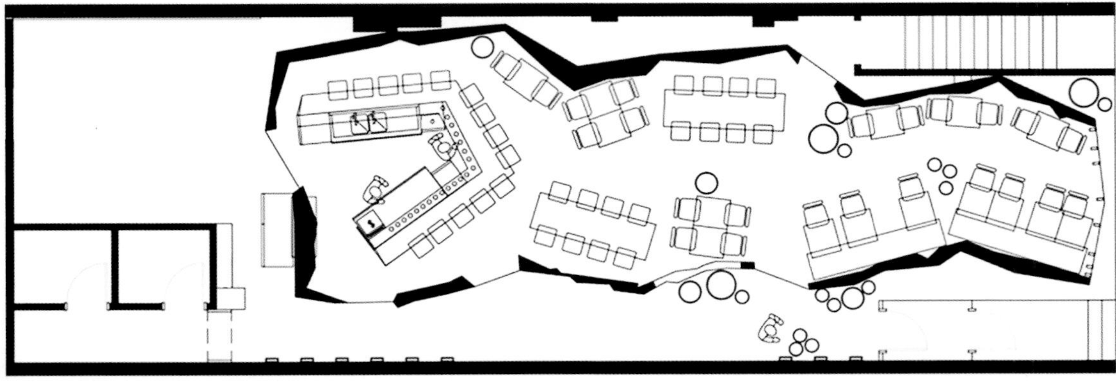

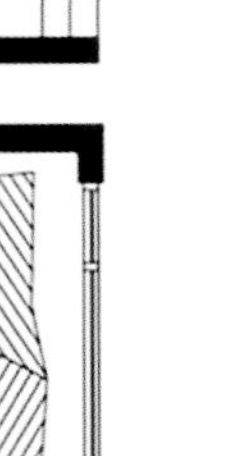

图 4-14　室内空间中间段效果
图 4-15　与整体造型一体化的吧台设计
图 4-16　不规则的餐厅平面布局与空间形式相得益彰
图 4-17　餐厅立面详图

又如图 4-18~ 图 4-21 所示的 Don 咖啡屋（Don Cafe House）设计，只是看着图片就能让人感受到一股浓醇的咖啡香味。

根据该咖啡馆的经营定位，设计师从大量与咖啡有关的内容着手，在空间中融入了咖啡豆的造型，以及犹如热咖啡中冒出的那股热气般的流畅弧线形式，以曲线面片层层叠加的手法进行了统一表现，它们远看是一个个动感流畅而舒展的曲面，近看细节又变化丰富。浓郁的咖啡色和暖色光照、舒适的家具和空间中四处弥漫的咖啡香味，让咖啡的主题呼之欲出，形象生动，富有意境美。

当然，要达到这样的效果除了需要设计师又创意和美学修养外，还需要数控机床等技术支持以完成每块面板形状的精准切割，最终保证方案得以落地。

图 4-18~ 图 4-21
项目名称：Don 咖啡屋
设计团队：Innarch
图 4-18　咖啡屋店口效果
图 4-19　从服务台看去的就餐区

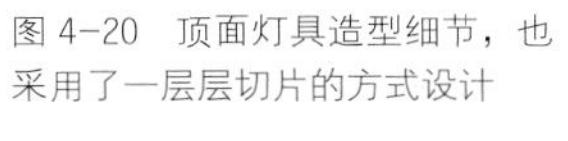
图 4-20　顶面灯具造型细节，也采用了一层层切片的方式设计

图 4-21　从弧度墙面看去的室内效果，优美的弧度更加凸显

二、色彩之绪

色彩是视觉艺术设计中非常重要的设计元素。它影响着人们对空间物理性质的判断，影响着材质、造型等给人的视觉感受和心理感受。在餐饮空间中，色彩起着协调空间、张扬个性、烘托氛围、表现空间理念等积极作用。不同的颜色能调动人们不同的情绪和反应，合理的色彩设计能加深人们对餐厅的印象，使设计项目在众多竞争中脱颖而出。

如图 4-22~ 图 4-28 是英国伦敦著名的 Sketch 餐厅，位于伦敦的上流住宅区，这里曾是克里斯汀・迪奥（Christian Dior）20 世纪中期在伦敦的住处。餐厅中的室内空间和美食均由马丁・克里德（Martin Creed）和主厨皮埃尔・加涅尔（Pierre Gagnaire）联手打造。

该餐厅共有多个就餐区域，分别有 The Gallery、The Glade、The Lecture Room、The Parlour 等餐饮空间，提供消费者享用下午茶、正餐、饮用酒水等服务，以满足消费者多样的餐饮需求。

在该餐饮空间的设计理念上，拥有者希望餐厅处处能透露出如艺术作品或设计作品般别具匠心、引人入胜、个性非凡。故在每个空间设计中，除了巧妙的功能布局、舒适别致的家具、不落入俗套的陈设装饰品外，设计师均从空间色彩入手，结合各餐饮空间的功能及定位，赋予每块区域以不同的色彩氛围，例如绿色的 The Glade、粉色的 The Gallery、红色的 The Lecture Room，每个空间都在一个主题色的控制下，表现出独一无二的个性气质，好像是个性鲜明的女士或先生般，使食客们完全沉浸在其魅力之中，被他们的美貌和专业级厨艺深深吸引。

图 4-22 Sketch 餐厅中的 The Glade 酒吧

以欧洲古典风景油画作品中表现森林的蓝绿色为主调，搭配藤黄色的家具，及玫红色和亮绿色的点缀，给人如梦如画的戏剧化体验

图 4-23、图 4-24　Sketch 餐厅的中心餐厅——The Gallery

大面积的粉色及铂金色的点缀，为空间披上浓重的女性色彩，而墙上一副副随性的黑白线稿作品及不常见的桌椅样式又显得另类特别，该空间好似一位有着浪漫情怀的女性艺术家，令人着迷

图 4-25、图 4-26　The Gallery 区域使用的白色餐具设计

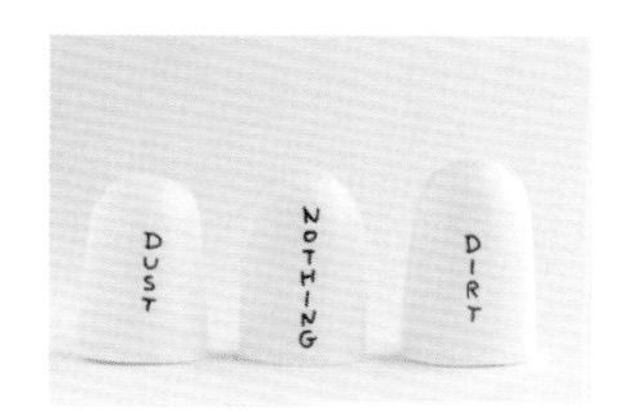

图 4-27、图 4-28　Sketch 餐厅中的 The Lecture Room

米白色、暗金色、酒红色、黑色的经典配色，在古典家具及有着异域风情的陈设点缀下，构建出一个稳重低调的奢华正餐就餐环境

又如图 4-29~ 图 4-32 所示的 The　Standard 米其林三星餐厅案例设计。

该餐厅位于丹麦哥本哈根一栋面向海港的海关大楼内，原建筑始建于 1937 年，曾作为渡轮售票与等候之用。空间整体设计简约现代，没有过多的装饰性元素。轮廓柔和的甲壳虫座椅、亚光质感处理、经典灯具造型，处处流露出北欧地区高格调的审美情趣，显得优雅而大气。

整个餐厅运用有白色、灰色、蓝灰色、黑色、铜色、陶土色等颜色，宛如一幅蓝灰色调的绘画作品，与建筑历史形成暗合。通过空间角落中散落的一些被精心修剪过的绿色盆栽为点缀，给这冷静、清幽的空间增添了几分生机和活力。

尤其在众多颜色鲜艳的餐厅设计中，这样低调雅致的灰调色彩设计必然是独树一帜的。

图 4-29~ 图 4-32
项目名称：The Standard 餐厅
设计团队：Gubi 工作室

图 4-29　餐厅吧台区

从配色到家具，到硬装与软装的设计，展现了设计师对细节和整体的把握

图 4-30~ 图 4-32　各视角下的餐厅室内空间效果

与选色一样重要的还有色彩的运用方式，创新的色彩运用往往能获得非凡的视觉效果。

例如图 4-33~ 图 4-37 案例，位于澳大利亚墨尔本一个拥有维多利亚时代背景的店面之中，名为 Phamily Kitchen，是一家越南餐厅。

本案中设计师吸收了传统越南厨房中常以颜色划分空间的做法，通过色彩设计，在尽可能少地对该旧建筑结构做出改动的情况下，营造了一个宜人的就餐环境。

如图所示，设计师大胆地将空间 1m 左右以下的所有家具、墙面等都刷成了碧蓝色，除了就餐区一边的对外玻璃窗和门上没有被覆盖外，其他元素都被统一染了色。从远处看去，店面就像是灌了水的大容器，底部成一块完整的蓝色，近看发现一半是餐厅室内的蓝色，一半是涂在外墙玻璃上的蓝色，形成了视觉在二维和三维之间转变的空间错觉。

中间段的白色护墙板成了新添蓝色主题与旧建筑裸露墙砖之间的过渡。在粉色天花的中和下，整个空间就像是夏天里的第一波浪潮，沁人心脾，成功营造了一个清凉舒适、妙趣横生的越南餐厅。

图 4-33~ 图 4-37
项目名称：Phamily Kitchen 餐厅
设计团队：Phamily Kitchen
图 4-33　餐厅街道外立面效果
图 4-34　厨房区的外窗色彩运用方式

图 4-35　就餐区一边从外向内看
图 4-36、图 4-37　不同角度的餐厅室内空间效果

再如图 4-38~ 图 4-42 所示，是 Parise New York（PNY）开设在巴黎玛莱区的第三家分店。

PNY 是一家以汉堡为主的连锁快餐厅，该新店在色彩设计上，没有使用早期店铺设计中的黑白色组合，而是从迈阿密城市中的荧光霓虹灯和阳光海滩中吸取灵感，选择了粉红色、蓝绿色和白色的小清新色彩贯穿整个空间。与整块单色运用方式不同的是，该案例采用了渐变的设计方法，如图 4-39 中，墙面从粉红色逐渐过渡到米黄色，不仅弱化了整面粉色墙面的女性气质，让空间适合于更多人群使用，同时也让空间显得更加柔美，获得了如三原色般的平衡感和饱和效果，使餐厅表现出甜而不腻，又文艺清新的视觉效果。

而且，在带有工业风格特质的家具造型和建筑结构中，这种具有戏剧性的色彩组合，为这间美国快餐店带去更多的巴黎浪漫风味。

图 4-38~ 图 4-42
项目名称：巴黎玛莱区 Parise New York（PNY）
设计团队：Cut Architectures
图 4-38 餐厅服务吧台区
图 4-39 餐厅一楼就餐区的室内空间效果

图 4-40　二楼室内空间效果
图 4-41　餐厅中的双色霓虹灯卫生间
图 4-42　黑夜中迷人的就餐氛围

三、材料之能

材料是餐饮建筑及室内设计方案得以实现的物质基础，是实现空间艺术效果、满足空间功能使用、传达空间设计理念和思想的重要组成部分。在当代信息爆炸、建筑材料极大丰富的时代背景下，如何通过材料的创新运用，展现材料不一样的艺术美感和视觉效果是 21 世纪餐饮空间材料设计的主要问题。这需要设计师在设计实践中不断探寻“新”的材料，尝试“新”的运用方式。

在“新”材料的挑选上，既包括一些用最新技术制作而成的新型材料，同时，这里的“新”也包括那些非常规材料。按材料的本来特征，非常规材料可分为两类：一类是日常生活中的成品，如第三章牛公馆案例中所运用的碗、筷；另一类是一些废旧物如纸板箱、废弃矿泉水瓶、老旧机械、零件等。这种将日常生活品通过二次创造，转化为一种具有美感和艺术性的作品想法，从杜尚的小便池、安迪沃霍尔运用可乐等进行创作起便敲开了人们另一扇创意之门。

非常规材料的运用可以增加空间的设计趣味性和新鲜感，给消费者带去思维上的突破和新意，有利于设计作品脱离千篇一律的尴尬境地。一般非常规材料都有其自身本来的作用与含义，对空间表达文化性等有着积极地推动作用。且非常规材料多为重新再利用，成本通常较低，也较为环保，是当代餐饮空间设计中“新”材料的不二人选。

当代餐饮空间设计中喜欢将使用品变成艺术品，然后通过手工再造，使旧材能得新的生命，而这也符合艺术就是要不断创造的本质。图 4-43、图 4-44 是位于乌克兰的一家小酒吧，名为 Shustov Brandy Bar，设计师从这个 19 世纪的酒窖中寻找到了一些成品运用到空间之中，一个是酒桶盖、一个是玻璃酒瓶。墙面由木桶盖构成，通过前后层次错落、大小深浅的变化，

图 4-43、图 4-44
项目名称：Shustov Brandy Bar
设 计 团 队：Denis Belenko Design Band
图 4-43、图 4-44　酒吧室内效果

形成了一面面肌理效果丰富、历史感悠久的墙面效果。顶面用约2万个白兰地酒瓶制作而成，在灯光的照射下，这件艺术装置作品通透美丽，吸引着客人们欣赏的目光。当客人们置身其中时，仿佛来到一个酿制美酒的酒窖之中，能依稀闻到其中的香醇酒味。

又如图 4-45~ 图 4-47 中的 McNally Jackson 咖啡店设计，位于 McNally Jackson Books 书店之中。该书店是曼哈顿最大的独立书店之一，业主希望将文学氛围融入这次咖啡馆的设计改造中。

从图中可以看到，设计师直接将书本作为装饰材料，将其融入墙面和吊顶设计中。弧形墙面上排列着一页页写有黑白文字的书本内页，从远处望去，好像一本被打开的书页，阅读氛围强烈。

咖啡店空间顶部错落地垂挂着一本本书籍，看上去仿佛是一本本被抛到半空中后瞬间被定格的样子，又为规整明朗的空间中增加了几分趣味性，不经意间表达了设计师所理解的阅读乐趣。

图 4-45~ 图 4-47
项目名称：McNally Jackson 咖啡店
设计团队：Front Studio
图 4-45　咖啡馆室内空间效果
图 4-46、图 4-47　顶面装饰和墙面设计的细节

图 4-48、图 4-49　Atelier Mecanic 餐厅设计
图 4-50~ 图 4-52　Bicycle 酒吧设计

图 4-48、图 4-49 中的 Atelier Mecanic 餐厅设计，也是以工厂中废弃的机械零部件为元素，通过重新组装和解构的方式，将其融入到餐厅外立面标识、室内桌椅、灯具、餐具等方方面面中，充分保留了该地址在罗马尼亚革命之后的 20 世纪 50 年代时期的历史记忆。

类似的做法还有许多，比如图 4-50~ 图 4-52 的 Bicycle 酒吧也是通过对自行车的非常规材料创新运用，在咖啡色和蓝色的复古色彩搭配下，成功定义了酒吧和自行车的新形象和空间视觉感受。

还有如图 4-53~ 图 4-55 所示 Saul Zona 14 的外部露台设计。该项目在一个集时尚、设计、艺术、商品、餐饮于同一屋檐下的建筑内部，与其他空间一样，需要表现出一种好玩和具有艺术气息的特征来。

设计师从危地马拉市土著居民仍在沿用的天然制造技巧中获得灵感，以晾干法（一种传统的织染技巧）方式，在外部露台的钢结构上悬挂起 1000 lb（4535.9kg），色彩斑斓的毛线，展现出柔软和壮观的艺术效果。黄、绿、蓝的渐变色彩选择充满活力，与周围的绿色植物浑然一体，在白色和木色的映衬下，清新自然。

这个非常规材料的装饰运用，除了满足了美观需求外，还蕴藏着高度的实用价值：它可以遮挡强光，也可以吸收噪声，为露台带来阴凉及静谧的氛围。

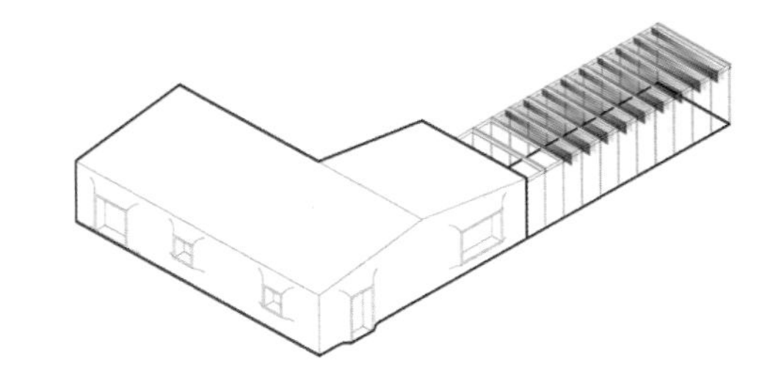

图 4-53~ 图 4-55
项目名称：Saul Zona 14
设计团队：Taller KEN
图 4-53　外部露台所在区域
图 4-54　顶面绒线材料细节
图 4-55　外部露台整体空间效果

虽然非常规材料对餐饮空间设计表现个性有着诸多优势，但非常规材料因为非常规，所以在一些性能、可运用的范围等方面具有局限性，故在当代餐饮空间设计中，传统材料仍然是主要使用材料。

然而传统材料在人们心中太过于熟悉，只有通过打破传统的运用方式，在充分研究材料色彩、质感、肌理、规格等艺术特征的基础上，才有助于改变传统材料在人们脑海中既有的形象，收获新的感官享受。

打破传统材料常规运用的方法有很多种，例如可以通过对材料拼接的图形样式进行创新设计，用重复、夸张、对比、韵律等形式法则对图形的色彩、质感、肌理等进行变化，赋予图形以美感和原创性；也可以去改变材料原本的质感印象，例如将硬质材料表现得柔软，将粗犷的材料表现得柔美细腻等；又或者可以将空间界面看做一个整体，进行统一用材，通过运用位置的改变来获得新鲜感。

比如图 4-56、图 4-57 所示的 Aluminium Flower Garden 项目，设计师以薄铝为材，将铝片一簇簇地弯曲成如朵朵盛开的鲜花，聚集在天花板下，黑白的色彩，以及从花丛中探出的电子屏，共同产生了一个效果奇异的铝制花园。

图 4-56、图 4-57
项目名称：Aluminium Flower Garden
设计团队：Moriyuki Ochiai Architects
图 4-56　天花铝制吊顶细节
图 4-57　空间整体效果

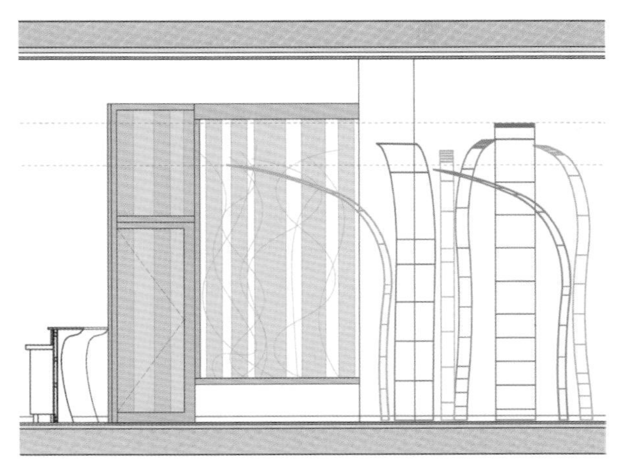

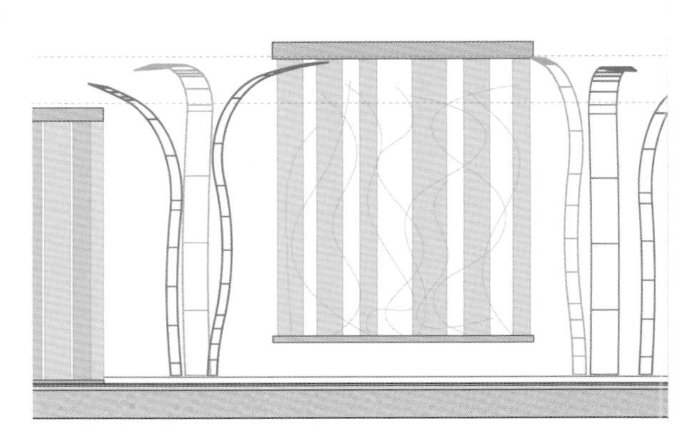

又如图 4-58~ 图 4-61 中 Ikibana 餐厅的木材运用方式。空间中以薄而具有韧性的“Mongoy”热带木材作为连接墙面与顶面的核心材料，将其拆分来看，该顶面是由 8 种不同形状的弧线形薄木片，通过三维数字模型，用金属磨具最终定型而成的，为餐厅中间编织出了一片枝繁叶茂的森林。当光线穿过缝隙，若隐若现的光晕悄然将人们记忆中的自然芬芳和清新空气唤醒。

在这里，最常见的木材通过重新制作，创造出新的视觉形象，将餐厅自然景观的主题，和想要融合日本安静、简约，巴西热情、奔放的设计理念展现得淋漓尽致，整个空间宛如大隐于市的室外桃源，引人入胜。

图 4-58~ 图 4-61
项目名称：Ikibana 餐厅
设计团队：Equipo Creativo
图 4-58、图 4-59　餐厅室内空间效果
图 4-60、图 4-61　餐厅立剖图

有时候，材料还可以这样用。例如图 4-62~ 图 4-67 所示的 Mary Tierra 餐厅设计。该项目位于日本兵库县一条小巷中，主要经营地道的西班牙风味美食和葡萄酒。

案例中最独特的当属建筑外立面材料的运用。该餐厅外立面上运用了两种截然不同的材质，一深一浅、一冷酷一温暖、一现代一传统，它们左右分布，远看好像两栋建筑一样互不相干，但走近后，从窗户和门洞结构上，却发现此乃一栋建筑，顿觉设计师和自己开了一个小小的玩笑，欺骗了我们的视觉，让人印象

图 4-62、图 4-67
项目名称：Mary Tierra
设计团队：Doyle Collection Co.Ltd.，Aiji Inoue 负责设计
图 4-62、图 4-63　白天与夜晚的外墙视觉效果

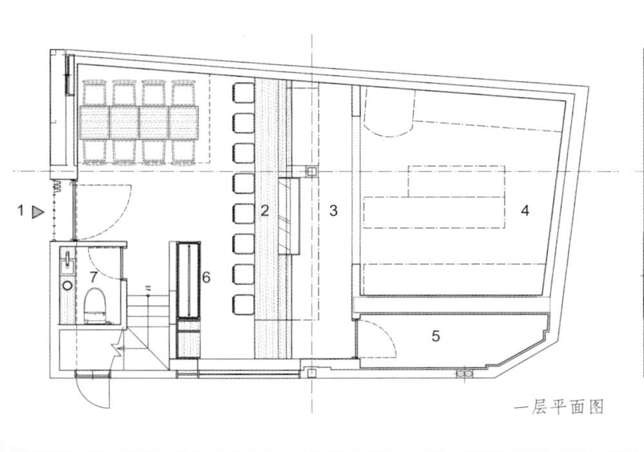

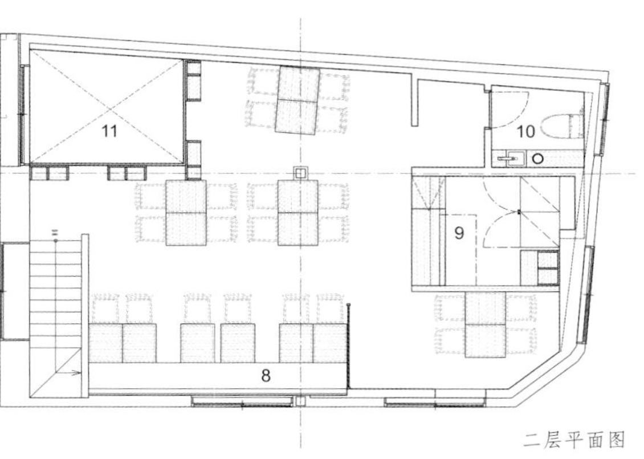

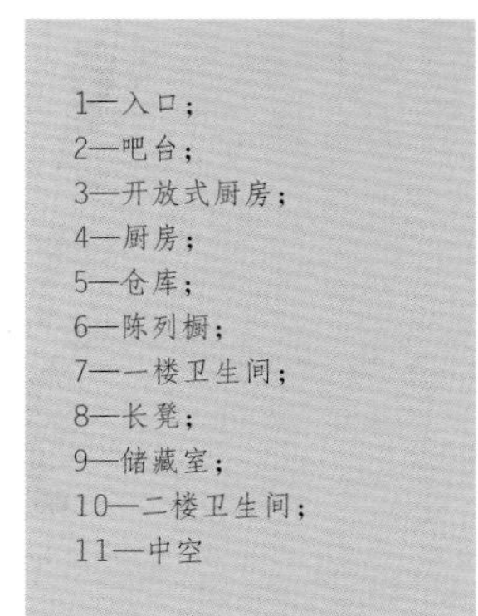

图 4-64、图 4-65
一、二层平面布局图
图 4-66　入口效果
图 4-67　一层高挑空层高的就餐区域

深刻。当夜幕降临时，左右两种不同的照明形式，也能让人获悉如白天一样的惊喜感。

外立面的设计理念从原建筑部分面积受损中吸取灵感。设计时在保留原建筑历史文脉的同时，强化了新旧的对比，形成跨越时空的对话，让还未进入餐厅的食客或不经意经过这里的人们，猜想着这里的西班牙火腿和烩饭是否也是别具特色与创意。

四、光影之魅

光是建筑及室内设计中形、色、质等视觉表现的先决条件，是影响人们视觉和心理的重要因素。建筑大师路易斯·康曾说过“设计空间即是设计光亮”。一个空间光环境的好坏会潜移默化地影响着人们的感官享受、心理反应等。

人们对光环境设计的关注由来已久，如今，伴随着科技的进步发展，采光技术、照明方式的不断更新和提升，设计师们对光环境设计的关注重点，逐渐从功能性转而向艺术性和满足人们精神需求的方向发展。在当代餐饮空间设计中，空间中的光环境设计不仅需要满足就餐人的基本照度要求，还要起到渲染空间氛围、丰富空间层次、加强空间质感、提升就餐体验等诸多作用。其中，合理控制光源、光强、光色和光影等是营造光环境的核心。

例如图 4-68~ 图 4-71 的 Cho Cho San 餐厅就成功在人工照明和自然光线中进行了完美切换。

该餐厅位于澳大利亚悉尼，是一家日本料理店。然而该项目所选择的空间却是狭长、黑暗、闷热的砖砌洞穴，与日式白净舒适的氛围相去甚远。于是，设计师从空间光环境入手，将整个天花板用可拉伸的透光膜材料覆盖，看不见一个直接照明光源，表现出宛如从遮光布中透出的阳光般自然而柔和，一改空间原本黯淡的初始环境，变成如拥有良好自然光线般的舒适就餐空间。

这种用人工光仿造自然光的做法，与其他同样满足照度的照明设计方式相比，空间显得更加明朗和轻松。

图 4-68~ 图 4-71
项目名称：Cho Cho San 餐厅
设计团队：George Livissianis
图 4-68　拥有了舒适光环境下的餐厅空间，在白色混凝土、桦木材质的组合下，形成了一个具有日本精神的简单设计

图 4-69　餐厅外立面

图 4-70　从餐厅入口处望去的室内效果

图 4-71　墙角处的一处就餐区

此外，光也是表达情绪，调节环境氛围和渲染空间效果的手段。如图 4-72~ 图 4-75 所示的德国柏林工业大学老教学楼中的自助餐厅照明设计。

餐厅中设计有 8 个如水滴般的大吊灯，每一个造型都因自重的牵引而显得有所不同，宛如一个个大光滴，透亮轻盈。它们被随意地分布在天花上，打破了该建筑规则的横梁结构，并与不规则的餐桌及柜台设计相互呼应，形成有机的整体。吊灯使用的是一种半透明白色人造皮革，这种材料不仅透光性良好，还能对室内噪声起到调节作用。

整个吊灯包含有两种照明方式，一种是功能性照明，另一种是装饰性照明。底部的筒灯设计满足了空间就餐的基本照度要求，吊灯内部透出的间接照明则起到了装饰性的作用。其灯光颜色能随季节的变化而改变，例如天气炎热的时候，光色会偏向浅蓝色，显得清凉，相反，当天气寒冷时，灯光则会在红色和橙色间徘徊，给人以温暖感。

改造完后的自助餐厅，无论是从学校大厅还是从庭院的窗口望去，都是学生和老师最佳的就餐空间和社交场所。

图 4-72~ 图 4-75
项目名称：Sheet Lightning Cafeteria
设计团队：Die Baupiloten 建筑设计事务所
图 4-72　从窗台延伸出至中庭的餐桌，让人们可以在自然光线充足的日子，沐浴在阳光之下
图 4-73　橙黄色灯光下的餐厅室内氛围

图 4-74、图 4-75 红色与蓝色灯光氛围下的餐厅效果

图 4-76~ 图 4-78
项目名称：Kanoya 餐厅
设计团队：Asano Geijyutsu
图 4-76~ 图 4-78　餐厅内各角度的光影效果

阴影是一种虚无的存在，它与光是天生一对，有效的光影关系能帮助空间光环境的精神性表达。

阴影的产生除了必备的光线外，还需要有能承受阴影的物质条件。不同的承受物形成的阴影效果也大不相同。

例如图 4-76~ 图 4-78 中所示的日本Kanoya 餐厅，空间中设计了一个个婀娜多姿的藤编造型框架结构，自由交织、错综复杂的框架结构在暖色射灯的照射下，与光滑的红色餐桌台面一起，捕捉光影的美丽，呈现出两种不同的光影效果，让空间宛如自然界中，光影婆娑的美丽丛林。

图 4-79~ 图 4-82
项目名称：l'ombre de ange
设计团队：FUTURE 工作室
图 4-79、图 4-80　白天室内效果
图 4-81　灯具造型细节
图 4-82　夜晚打开灯光后的室内效果

又如图 4-79~ 图 4-82 的 l'ombre de ange 餐饮空间的光环境设计，设计师通过照明灯具与阴影承受物的统一设计，形成了惊喜的视觉效果。

该项目面积不大，只有一个开间，一面是临街落地窗，客人的座椅就放在这个区域，另一面的尽头是吧台。装修也十分简单，白色的空间中稍稍地点缀了些绿色。

设计师为整个空间中间设计了 4 根与天花相连的倒立圆锥形柱子，让空间形成类似穹顶一样的效果。寥寥几根金属丝缠绕出一个倒置的圆锥体灯罩，从客人的角度看正好是一个正立的圆锥形体。

白天，空间在自然光的照耀下，显得干净明亮。当夜幕降临时，灯光映射，魔法出现，灯光经过圆锥形体金属丝灯罩，投射到空间中，光影与天花的倒圆锥效果形成相得益彰，仿佛涟漪之光，让人们不仅赞叹设计师的无限创想。

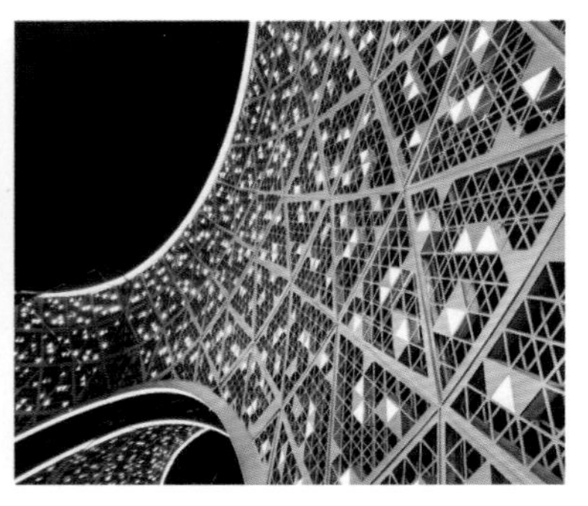

图 4-83~ 图 4-89
项目名称：Night Flight
设计团队：Studio MODE
图 4-83~ 图 4-85　卫生间效果
图 4-86　酒吧走廊设计
图 4-87~ 图 4-89　酒吧中心 360°
无死角的弧线形墙壁设计及细节

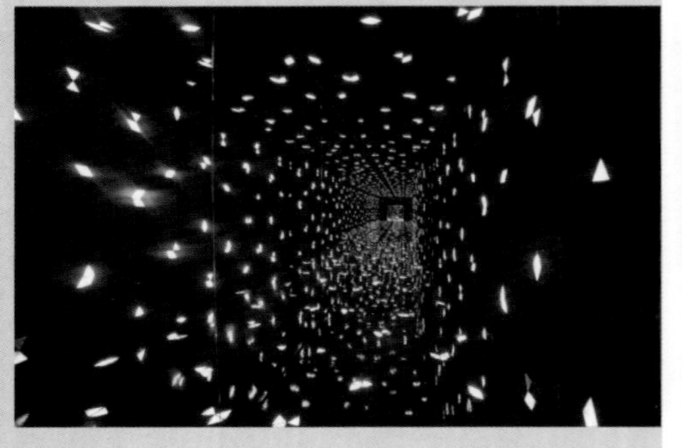

有了黑暗的对比，才显示出光的美好。如图 4-83~ 图 4-89 中的午夜飞行音乐酒吧光环境设计，将人工照明设计成如星空般奇幻的视觉效果。

一个个三角形的灯具元件被隐藏在整个空间结构之中，通过疏密有致的排列组合，形成了一个兼顾功能和美观的人工照明环境。大面积的黑色运用，衬托着皎洁的点点光源，酒吧主题呼之欲出，在这如童话和梦境般的绚丽空间设计中，顾客们可以忘却白天的烦恼，尽情享受午夜的精彩。

第五章

探索未来话趋势

伟大的艺术作品，只有与其创作时代的社会融合起来，才能达到巅峰。

——彼得·马里诺

图 5-1　创想刻画未来

在当代多元化的餐饮空间设计中，尊重历史、关注本土文化习俗、保护环境和身体健康、注重全方位多角度的综合就餐体验，以及注重空间中精神追求等设计方向已经得到了众多设计师的追随和注意。那么未来呢？餐饮空间又会向何方向发展？设计师又要注意些什么呢？

虽说餐饮空间作为公共服务性场所，未来餐饮空间必然会随着时代的进步、经济的发展、材料技术的提升、消费需求的改变而不断变化，但无论它如何变化，餐饮空间始终是在为人服务，故关注了解人们的要求和需求仍将是设计师解决未来餐饮空间设计课题的重要钥匙。本章就从当代餐饮市场上出现的几个小现象出发，谈谈未来餐饮可能的发展趋势。

一、品牌效应

在当代餐饮空间中，有一类餐饮空间显得特别与众不同，那就是跨界品牌经营的餐饮空间。

这种餐厅的形成和人们日渐成熟的品牌意识息息相关。品牌学认为，要成功塑造起一个具有品牌价值的品牌来，除了初始定位的准确外，还需要日后长期持续地深化和宣传。但当一个品牌真正形成后，便拥有了转换价值的可能。餐饮行业的门槛较低，且与普通百姓的日常生活关系紧密，受众面甚广。纵观这些年可以发现，越来越多的品牌在发展过程中，会选择开设该品牌的特色餐饮空间，让原本就喜爱本品牌的客户通过用餐体验，加强品牌忠诚度，让还不认识该品牌的客户通过用餐体验，可以直观地感受其品牌理念、品牌文化，达到吸引粉丝的效果。

这类空间的开发商和投资方有非常明确的品牌要求，它与普通的全方位餐饮空间设计不同，其设计点侧重于用一个怎样的餐饮空间来准确传达，或是进一步强化或提升已有的品牌形象与个性。这就需要设计师充分了解该品牌，把握住不同品牌的精气神，它绝不是一些品牌符号的填充，而是需要化无形的品牌印象成为有形的餐饮环境，给人最真切的体会，形成共鸣。

例如图 5-2~ 图 5-4 是 2009 年开业、位于上海淮海路上的世界上最大最全的一家芭比娃娃旗舰店。该店共有 6 层，共 3500m^2，总耗资近 2000 美元，是一个拥有 1600 余种芭比产品：服饰、珠宝、美容护肤品、玩具、电子产品、餐厅、美容中心、体验游戏等以芭比为主题的一体化购物体验中心。

图 5-2~ 图 5-4

项目名称：Barbie 咖啡厅和 B-Bar 酒吧

设计团队：Slade Architecture

图 5-2　上海芭比旗舰店建筑外立面效果

建筑每一次层都透着粉色的女孩魅力，让每个经过这里的女性都不禁好奇里面会是一个怎样的奇妙世界

芭比主题餐厅位于建筑的顶层。包括了一个 Barbie 咖啡厅和 B-Bar 酒吧。设计师试图去营造一种可以适合不同年龄层次，又能引人入胜，传递芭比品牌特色的美食宫殿。设计师从芭比的历史、品牌文化、产品特色中，大胆地使用了黑白的色调，在地面上，以黑白相间的人字形马赛克为地坪，为的是追忆 1959 年芭比在纽约玩具展处女秀时所穿的那套人字形图案泳装。在座椅设计上，如图 5-4 所示，这些座椅中都夹着一张印有不同地域、时间的经典椅子剪影，包括中国古典、欧洲古典、现代家具等，既隐喻了芭比是全世界国际化的，也通过这二维与三维空间转换的方式，表达出了一种从平面图纸转换成实物的实现过程，好像在向世人大声传递着创始人露丝・汉德勒（Ruth Handler）的创造初衷，芭比不只是一个玩偶，她还能激发女孩们动手动脑，进行 DIY 的乐趣。

主题餐厅中的吧台也是黑白搭配，只有在墙面、窗帘及部分装饰品处有延续其他楼层中的标志性粉红主色，来保持芭比品牌形象的连贯性。整个空间前卫时尚，细节考究，在展现出芭比品牌特征和品牌形象的同时，也为人们认识芭比品牌提供了新的解读方式。

图 5-3　芭比餐厅中使用的餐具设计

图 5-4　芭比主题餐厅的室内空间氛围

又如图 5-5、图 5-6 所示的 ELLE 咖啡馆。ELLE 是法国著名的时尚品牌，其触角已经延伸到女性生活中的方方面面，从时尚杂志、到服装包包、再到家居陈设，它无所不及，并始终围绕着既定的目标消费群体——年轻时尚、国际化的职业女性所服务。该品牌从1945年，由海伦娜·拉札瑞夫（Helene Lazareff）在巴黎创立 ELLE 杂志以来，始终以女性化的、现代的、积极的、亲切的、潮流的、充满生活气息的品牌个性示人。

如图 5-5、图 5-6 是 ELLE 品牌在日本开设的一家品牌咖啡馆，空间以白色为主基调，灰色为辅，点缀华丽的金色，空间既现代、优雅，又朝气、活力，恰当地表现了 ELLE 的品牌形象。

图 5-5　甜品柜设计
图 5-6　室内就餐区

还有汽车品牌，例如图5-7~图5~12是奥迪公司在阿尔卑斯山上一间的餐厅，位于Obergurgl-Hochgurgl滑雪场的中心，海拔2650m，由一座小木屋改造而成。

奥迪Quattro亦如它名字的来源，是结合了著名汽车开发商和制造商的优良品牌。在银装素裹的阿尔卑斯山中，旧木屋的结构表露无遗，通过新材料、新造型的融入，为原本普通传统的小木屋穿上了一层银白色的科技外衣，红色的使用更给空间带去一份如篝火般的温度。滑雪过后，在这里用餐所体验到的内容和奥迪Quattro一直与时俱进、不断提升创新技术，以为驾驶者带去完美驾乘感受的经营理念如出一辙，又相得益彰。

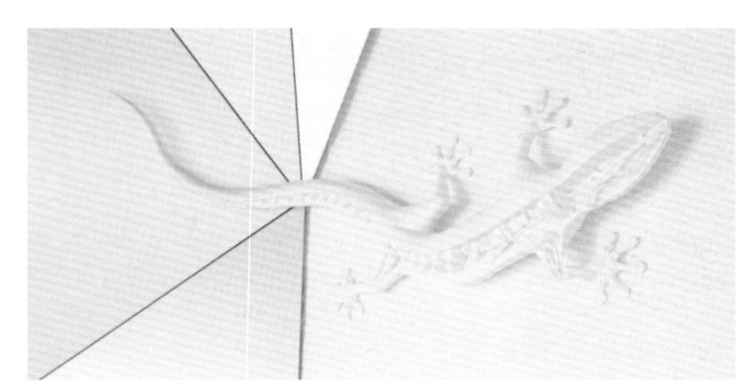

图5-7~图5-12
项目名称：奥迪Quattro餐厅
设计团队：Designliga工作室
图5-7　银白色的奥迪标识在红色凹凸肌理板上，显得耀眼别致
图5-8~图5-11　室内外的设计效果

室内外的氧化铝幕墙都采用了带有高科技质感的几何切割造型，屋外红色渐变的做法，像这家餐厅一样，犹如自然界中的一抹红光，温暖新潮。墙壁上的壁虎装饰也表达着科技与自然相结合的主题

图5-12　奥迪TT Coupe Quattro车在公路上奔驰的飒爽英姿，可以看到，其品牌餐厅与企业的产品特色和发展方向互为一致

二、复合多能

当代，还有一种类型餐饮空间也逐渐进入我们的眼帘，那就是复合型、多功能的餐饮空间。一般而言，此类餐饮空间中除了提供人们餐饮服务外，还提供其他服务，有的设有零售服务，以满足消费者相应的购买体验；有的结合教学培训功能，给予边学边吃的乐趣；有的可能具备一些办公功能，如打印、阅读等。

复合型、多功能的餐饮空间的难点在于其功能定位和多功能的重新梳理和规划布局。如何功能定位，选择合适的功能服务进行融合，需要从人们的生活着手，发现问题，明确需求。而如何功能重组，平衡各空间之间的相互关系，形成一个统一的整体，则需要更多专业知识的累积和对跨领域服务的深入研究。

图 5-13~ 图 5-17 所示的 Urban Station 咖啡店就是这样一种餐饮空间。它是一家专门为自由职业者而设计，集办公服务、餐饮服务于一体的复合型、多功能连锁咖啡店。在这里人们可以上网、办公、洽谈、开会、打电话、休息等，所有正规办公所需的空间功能在这里一应俱全，而且它 24h 营业，为创业的年轻人提供了一个安静、舒适、自由而又低廉的休闲工作乐园。

在 Urban Station 咖啡店中，一般分为上下两个空间，划分有入口区、服务台、办公区、休息区、会议室、多功能厅等多种空间功能，以满足人们所有工作需求。例如服务台除了提供美味餐饮外，还可以处理一切与工作相关的服务，包括打印资料、投送或接收快递等。

柠檬黄和咖啡色的组合及可移动的家居式家具，营造出一种如家般的温馨和舒适感，充分展现了该品牌咖啡店“enjoy working differently”的宗旨。休闲餐饮、专业办公在这里得到了完美的结合。

图 5-13、图 5-14
项目名称：Urban Station 阿根廷布宜诺斯艾利斯店
设计团队：Total Tool

图 5-13 休息区域，自由职业者们可以在此洽谈生意
图 5-14 每个桌边都配有通用插线板，以应对各种电器设备的连接需要

图 5-15　Urban Station 的会议室设计
图 5-16　墙上的世界钟展现了咖啡店对办公人士所有工作细节的熟悉和把握
图 5-17　Urban Station 的服务台设计

图 5-18　Noma 餐厅原室内效果
图 5-19、图 5-20　开设临时概念店时的空间环境

又如图 5-18~ 图 5-20 是丹麦哥本哈根著名的 Noma 餐厅，提供北欧应季的美食料理，一直以大胆创新的料理闻名于世。其餐厅本身无论是菜肴还是环境都在世界餐饮业中获得了极高的声誉。

在 2015 年 2 月 23 日至 3 月 13 日期间，餐厅内开设了一家新型概念店，店内出售有摩纳哥会馆（Club Monaco）品牌男女装，纽约 Strand 书店的图书，布鲁克林的手工艺术作品，Koppi Kaffe 主理的咖啡和甜品，Ved Straden 10 提供的葡萄酒，以及由艺术家们为此次项目特制的餐具和陶器。食客们可以在用餐后，再逛逛小店，买上一两件称心的商品回家。

这次合作虽然只是短时间的，但这种将餐饮业和其他行业相组合的做法，将是未来行业发展中的重要发展分支之一。

三、科技自助

现在的餐饮业普遍面临着房租、人工、食材、能源等成本的居高不下，经营利润越来越低等问题。随着数字革命的到来，科技的进一步发展，餐饮行业中也涌现出了许多高科技的智能产品、设备，每个传统的就餐环节都在发生变化。

比如说点餐环节，传统的纸质菜单变成了触屏菜单，服务员点餐变为自助式点餐，有的餐厅已经利用手机app的方式，通过后台系统统一操作，完成线上点餐、线下用餐的O2O经营模式。这种点餐的变化，不仅能让消费者减少排队或等位的时间，还能通过网络促销和宣传的方式，吸引更多消费者。

又如等餐，现在许多商家都意识到等餐也是餐厅彰显人性化和服务特色的重要环节，比较普遍的做法是提供零食、做指甲、上网、玩游戏等服务，但在未来餐厅里，在高科技的支持下等餐可以更有趣。例如图5-21~图5-30中，Le Petit Chef法式餐厅为食客等餐时设计的的3D动画短片，故事概括是一个迷你厨师精灵在食客们面前的桌布上做料理。在3D投影仪的帮助下，一切看上去都像真的一样，当食客们还沉浸在小厨师搞怪的动作和设计师无限的创意中时，真正的美食已经制作完成，在原本投影中餐盘的位置上放下，趣味横生。

当然，在上菜的过程中，有的餐厅开始以呆萌的机器人代替传统的人力送餐服务。它们不仅有自动送餐、介绍菜品、收拾空盘、进行演奏，还会基本常用语，已经能基本胜任最基础的客服工作。

在最后结账环节，除了传统的刷卡、付现金外，支付宝支付、微信支付等一键操作的方式，让会玩手机的年轻人体验到更多便捷服务。

在厨房后台区，自动炒菜机、刀削面机器人、厨余垃圾处理器等的开发，也为厨房的运作开辟了新思路。这样拥有高科技含量的智能化、标准化、创新化的餐厅，将有利于餐饮行业降低人力成本，增加餐厅服务面积，获得更多收益。

图5-21~图5-30　Le Petit Chef餐厅前餐3D动画设计

图 5-31　Minibar 酒吧

该空间中没有什么高科技的融入，但整个酒吧的经营理念，自助型的设计却是未来的一大趋势。进入这里前，客人的信用卡或身份证被留在付款的前台处，领上一把钥匙，找到对应的冰箱号，便可自助选择想要喝的品种，像购物超市一样，先购物，后买单，给人以不同以往的酒吧体验

所以未来，当这些科技设备的实际使用与维护更为简便和容易时，这类科技型、自助式的餐饮空间将得到更广泛地普及。

目前，人们对这类餐饮空间的功能布局、智能设备如何运用等理论和实践经验都较为缺乏，亟待我们进一步深入学习和研究。

四、结语

“民以食为天”，餐饮空间作为一个服务性场所，其发展变化始终与整个时代背景和消费者的需求相关，它随时代、社会、经济的变化而改变。

如今，人们对餐饮空间的需要，不仅仅只是满足于一餐果腹的饭菜那么简单，更多的是一种社交性的需要，这也是缘何当下餐饮空间设计越来越异彩纷呈。尤其随着技术、工艺的提升、人们思想的开放及对创新设计和艺术美感的逐渐了解，这一观念几乎已经成为全球的共识，即使各个地区之间在自然、文化上存在一定的差异，但人们追求个性的愿望仍会一直存在下去，所以在未来，设计师可以发挥的空间也将越来越大。各国文化的融合，历史与现代的链接，甜美与野性的碰撞等，可以诙谐幽默，可以稳重大气，可以妖娆妩媚，可以冷酷干练，绽放出缤纷炫彩的华章。

当代餐饮空间多元、丰富的设计现状，离不开设计师和设计团队的不断探索研究，故未来餐饮空间的发展仍需要设计师不断保持设计解决问题的责任，不断通过实践，探索新的形式，创造新的思维。

从本书的内容中可以清楚看到，在当代餐饮建筑及室内设计发展与变化中涌现的各种思潮、创作实践的确呈现出极其多元的态势。尽管在收集案例时尽可能多地涉及各种类型，但仍不能面面俱到。希望通过本书的介绍，能为各位读者提供一个了解 21 世纪各餐饮空间设计思路的引子，或者能从中得到些许启示。

参考文献

[1] Susan Yelavich.Contemporary World Interiors. London：Phaidon Press, 2007.

[2] 矫苏平，张琦著． 国外当代建筑与室内设计． 北京：中国建材工业出版社， 2005.

[3] 李振煜，赵文瑾编著． 餐饮空间设计． 北京：北京大学出版社，2014.

[4] 许鸿琴著． 千古食趣——说说吃的那些事． 北京：中国华侨出版社， 2013.

[5] 胡小武著． 城市张力：咖啡馆与生活方式的转型． 南京：东南大学出版社， 2011.

[6] [美] 巴拉邦，迪罗谢著． VIP：成功的餐厅设计 . 陈翠华等译． 北京：电子工业出版社， 2012.

[7] [荷] 劳拉・沃尔托编著． 开放式餐厅 . 常文心译． 沈阳：辽宁科学技术出版社，2014.

[8] [美] 瓦莱丽・克利弗编． 连锁餐厅． 鄢格译． 沈阳：辽宁科学技术出版社，2013.

[9] Rowland, Perrin J. Dining Out: A History of the Restaurant in New Zealand. Auckland：Auckland University Press, 2010.

[10] John Pile. A History Of Interior Design. Hoboken：Wiley Press, 2013.

[11] Drew Plunkett，Olga Reid. Detail in Contemporary Bar and Restaurant. London：LK Press, 2013.

华厅彩溢

当代餐饮建筑及室内设计

ARCHITECTURE AND INTERIOR DESIGN OF
CONTEMPORARY RESTAURANT

意匠书品

微信二维码

上架建议：建筑/室内设计

定价：58.00元